相国寺储气库钻采工艺技术

李 杰 杨 健 马辉运 郭建华 等编著

石 油 工 业 出 版 社

内 容 提 要

本书以相国寺储气库钻采工程设计为主线，重点阐述了相国寺储气库钻井、完井、注采、动态监测、老井评价与封堵工程，介绍了设计重点、技术路线、技术要求、应用技术和现场效果等内容，是国内第一本储气库钻采工艺方面的技术专著。

本书可供从事储气库工作的管理人员、工程技术人员，以及相关院校师生参考使用。

图书在版编目（CIP）数据

相国寺储气库钻采工艺技术/李杰等编著．—北京：
石油工业出版社，2018.4
ISBN 978 - 7 - 5183 - 2462 - 0

Ⅰ．①相…　Ⅱ．①李…　Ⅲ．①地下储气库 - 天然气开采 - 华蓥　Ⅳ．①TE822

中国版本图书馆 CIP 数据核字（2018）第 017385 号

出版发行：石油工业出版社
　　　　（北京安定门外安华里 2 区 1 号楼　100011）
　　　　网　　址：www. petropub. com
　　　　编辑部：(010)64523537　图书营销中心：(010)64523633
经　　销：全国新华书店
印　　刷：北京中石油彩色印刷有限责任公司
2018 年 4 月第 1 版　2018 年 4 月第 1 次印刷
787 × 1092 毫米　开本：1/16　印张：10.25
字数：260 千字
定价：88.00 元

《相国寺储气库钻采工艺技术》

编　委　会

前　言

　　随着国民经济的持续快速发展,目前,我国已经成为世界第二大石油消费国,也是世界第二大石油进口国。相关预测分析资料表明,到 2020 年,我国石油供需缺口将达到 $2.7 \times 10^8 t$,天然气供需缺口超过 $800 \times 10^8 m^3$。天然气的安全供气不仅关系到国家能源安全和社会经济发展,还关系到国民的家庭日常生活。建立我国地下油气储备体系,对于保障油气资源安全,调峰保供,确保经济高效发展和保持社会生活正常秩序具有重要意义。

　　四川盆地已经建成了以南、北环线相连的环形输气管网系统,但这一环形管线的东部运行压力明显高于南部及西北部。川渝地区天然气主产区在盆地东部和东北部,天然气基本上是通过南、北环线输往主要消费地区南部和西北部,或通过忠县—武汉天然气管道(忠武线)输送到两湖地区。中卫—贵阳天然气管道(中贵线)是一条将我国三大气区连通的输气联络线管道,它把国内多条东西走向的干线管道相互联网,形成全国和区域不同层次的大型环状管网,对于提高管网调配灵活性,保障供气安全有重要作用。相国寺石炭系气藏位于四川盆地东部,具有优越的地理位置。将相国寺石炭系气藏改建为相国寺储气库主要解决川渝市场的季节调峰,同时具备向中卫—贵阳管线提供季节调峰的能力。

　　相国寺储气库建设工程自 2010 年启动,2011 年 10 月相国寺储气库建设工程正式开工,2013 年 6 月首次试注成功后,实现"五注三采"。截至 2017 年 8 月,相国寺储气库累计注入气量 $59.04 \times 10^8 m^3$、调峰采气 $24.24 \times 10^8 m^3$。中国石油西南油气田分公司全程组织相国寺储气库钻采工程建设的设计、咨询以及实施工作,积累了丰富的经验。随着西气东输管道、陕京管道、中俄管道、中缅管道等长距离输气管道的陆续建设投运,对地下储气库工程的需求日益紧迫。为适应储气库建设发展的需要,推广储气库建设经验,中国石油西南油气田分公司的科研设计人员对相国寺储气库钻采工艺技术进行了系统总结。

　　全书由李杰、杨健、马辉运、郭建华统稿。第一章由郭建华、张凤琼、夏连彬编写,李杰审定。第二章由郭建华、张凤琼、沈欣宇、张玉婷编写,杨健审定。第三章由杨华建、郭建华、苏强、付志、周代生编写,李杰、刘文忠、胡锡辉审定。第四章由何轶果、王斌、濮强、曹权编写,唐庚、马勇审定。第五章由孙风景、梁兵、黎洪珍、熊杰编写,马辉运、谢南星审定。第六章由罗伟、熊伟、徐立编写,唐庚、毛川勤审定。第七章由郭建华、钟海峰、孙风景、刘媛编写,马辉运审定。全书初稿完成后,许可方、杨健对全书进行了统一修改。

　　本书以相国寺储气库钻采工程设计工作为纽带,以相国寺储气库现场实施效果为例证,重点阐述了相国寺储气库钻井、完井、注采、动态监测、老井评价与封堵工程,介绍了设计重点、技术路线、技术要求、应用技术和现场效果等,可供从事地下储气库工作的管理和领导人员、科研人员、工程技术人员,以及相关院校师生参考。希望本书的出版对国内储气库发展起到一定的示范和指导作用。

　　由于笔者水平有限,书中难免有疏漏或值得探讨之处,敬请批评指正。

目　　录

第一章　储气库的发展历程和作用

天然气地下储备在欧美发达国家已经有近一个世纪的历史,已经成了天然气工业体系中不可或缺的重要组成部分,而我国地下储气库才经历十多年的发展历程。目前世界上的主要地下储气库类型包括:枯竭油气藏储气库、含水层储气库、盐穴储气库、废弃矿坑储气库等,数量达到 715 座左右。地下储气库是将从气田采出的天然气或管道天然气异地重新注入地下空间而形成的一种人工气藏。随着国家对空气质量和环境保护的日益重视,天然气作为一种清洁能源得到越来越广泛的应用。20 世纪初,随着天然气管线运输的发展,天然气消费需求日益扩大,同时区域性和季节性用气不均衡矛盾日渐突出,地下储气库建设的必要性也日渐突显。

第一节　国内外地下储气库发展历程

1915 年,加拿大安大略省利用枯竭气藏建成了世界上第一座储气库。1916 年,美国在纽约州建成了世界上的第二座储气库,容积为 $6200 \times 10^4 \, m^3$,这个储气库一直运行至今。1919 年、1929 年美国在肯塔基州建成了第三、第四座储气库。1946 年,美国在肯塔基州和印第安纳州交界处建成了世界上第一座含水层储气库,地层为埋深 170m 的石灰岩储层。1953 年在芝加哥附近建成了赫舍尔水层储气库。1959 年苏联建成了第一座盐穴储气库,其后法国、德国、英国和丹麦等相继建成了盐穴储气库。截至 2009 年,共建成 74 座盐穴储气库。

20 世纪 90 年代,我国开始对储气库开展研究工作,建库的主要目的是调节冬夏用气的不均衡性。2000 年在天津大港利用大张坨凝析气藏建成了国内第一座大型油气藏型地下储气库,为京津冀地区用气“调峰”发挥了“第二气源”的作用。2001 年,以江苏金坛地下盐穴作为国内首个盐穴储气库的建库目标,启动了可行性研究项目。随着天然气工业的快速发展,2010 年以来,我国的储气库建设进入了快速发展阶段,在大港、华北、江苏、辽河、新疆、西南、中原、大庆、吉林、胜利等油田开展了油气藏型储气库的研究和建设工作;在湖北、河南、江苏、云南、湖南等地展开了盐穴储气库的研究和建设工作;在大港油田、华北油田开展了含水层储气库的筛选研究工作。

第二节　地下储气库的类型与作用

天然气是一种优质、高效、清洁的能源,自 20 世纪 90 年代以来,天然气在能源消费中的比重持续高速增长。世界石油和天然气储运领域出现了两个主要变化:一是世界天然气管道的总长度首次超过原油管道总长度;二是地下储气库的建设有了明显发展。天然气的生产、运输和消费是一个独立的体系。一般情况下,气田生产的天然气是通过长输管道送往用户集中的地区,然后通过地区分销网络送至终端用户。天然气存储和运输是联系产地与用户的纽带和中间环节,其工作状态受生产和消费的调控。天然气在其生产、运输和销售过程中,存在着用气需求的不均衡性和存储的特殊性。解决好管道运输能力与下游用户峰谷用气不均衡之间的矛盾,是保障天然气上、中、下游协调发展,提高行业总体经济效益的核心问题。

目前,地下储气库储气容量已占世界总储气容量的90%以上。建造地下储气库主要可起到如下作用:一是解决调峰问题,调节天然气生产相对平稳和用户需求不平衡之间的矛盾是地下储气库的基本功能。二是解决应急安全供气问题,当输气管道突发事故或自然灾害造成供气中断或检修需停止供气时,地下储气库可作为应急备用气源保持安全连续地向用户供气。三是,优化管道的运行,地下储气库可使上游气田生产系统的操作和管道系统的运行不受市场消费量变化的影响,利用储气设施实现均衡生产和输气,提高上游气田和管道的运行效率,降低运行成本。四是用于战略储备。五是用于商业运作,提高经济效益,利用储气库从天然气季节性差价或月差价中获取利润。

从1915年加拿大首次在Wellland气田开展储气试验到现在,全球已建成715座地下储气库,共计23007口注采井,总工作气量为$3930 \times 10^8 m^3$,平均每小时产出$2.35 \times 10^8 m^3$天然气。这些运营的储气库中以枯竭油气藏型储气库为主,其余分别为含水层型、盐穴型、岩洞型、废弃矿坑型储气库。

建在地下天然多孔储层中的储气库包括利用枯竭油气藏建造的储气库和利用含水地层建造的储气库。在地下天然多孔储层中建造储气库与气藏开发有许多共同点,更有本质的差别。一是储气库要在更大开采强度状态下运行,一个运行周期内储气库内要采出占储量40% ~ 60%的气体,在同样时间间隔内,气藏的采出率还不超过3% ~ 5%。二是储气库是按照运行期无限长来计算的,有注有采,不会完全枯竭,在储气库中每年仍有占总体积的30% ~ 40%的气体残留在其中,而气藏的开采期为20 ~ 30年,并且要从其中采出尽可能多的天然气。三是储气库按照工况交替状态进行运行,气体时而注入,时而采出,相应的工艺特性也要周期性改变。

建在地下空腔中的储气库包括:建在现有的矿井、隧道等人工坑道内的储气库和建在专门建造的洞穴内的储气库。在盐层中建造储气库与在枯竭油气藏或含水层中建造储气库相比,其费用昂贵得多,投资可相差3 ~ 4倍。

第二章 相国寺储气库概述

相国寺储气库是我国西南地区的首个储气库,设计库容 $42.6 \times 10^8 m^3$,垫底气量 $19.8 \times 10^8 m^3$,工作气量 $22.8 \times 10^8 m^3$,设计最大日注气量 $1380 \times 10^4 m^3$,季节调峰最大日采气量 $1393 \times 10^4 m^3$,应急调峰最大日采气量 $2855 \times 10^4 m^3$。相国寺储气库于 2011 年 10 月 18 日正式开工建设,2013 年 6 月 29 日开始注气;2014 年 7 月,实现日注气 $1000 \times 10^4 m^3$,2014 年 12 月 1 日开始试采,最大日采气量 $1832 \times 10^4 m^3$。

相国寺储气库包含注采站 7 座、注采井 13 口、监测井 6 口、封堵井 21 口,集输场站 2 座(铜梁站、旱土站),集注站 1 座,注气干线 19.52km、采气干线 13.66km,铜相线 84.2km(铜梁站—相国寺,$\phi813mm \times 14.2mm$)、相旱线 35.5km(相国寺—旱土站,$\phi813mm \times 11mm$),旱白线 4.2km(旱土站—白果树,$\phi610mm \times 10mm$)。

相国寺储气库具有以下功能:

(1)调峰。缓解用户对天然气需求量的不同和负荷变化而带来的供气不均衡性。

(2)提供应急供气服务。天然气市场需求增长迅猛,对管网的安全、平稳运行要求越来越高,安全、平稳的供气对促进区域经济发展至关重要,一旦管网出现事故,对经济和社会的影响都将是非常重大的。同时,可对临时用户或长期用户临时增加的用气量提供应急供气服务。

(3)天然气战略储备。当气田生产中断不足时,地下储气库可作为补充气源,保证供气的连续性和提高供气的可靠性。

(4)提高输气效率。地下储气库可使天然气生产系统的操作和输气管网的运行不受天然气消费不均衡性的影响,有助于实现均衡性生产和作业;有助于充分利用输气设施的能力,提高管网的利用系数和输气效率,降低输气成本。

相国寺储气库与中贵线和川渝环形管网连接,进而接入全国天然气管网。中贵线是一条将我国三大气区连通的重要天然气管道,它把国内多条东西走向的干线管道相互联网,形成全国和区域不同层次的大型环状管网,提高了管网调配灵活性,并可保障供气安全的输气联络线畅通。川渝环形管网将川渝地区五大油气产区的区域性管网串连连通,形成了川渝地区管网构架,担负着川渝地区、云贵部分地区及两湖地区的天然气输送任务。相国寺储气库地理位置与川渝管网关系见图 2-1。

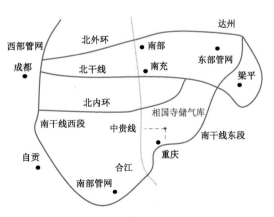

图 2-1 相国寺储气库与川渝环形管网示意图

第一节　相国寺石炭系气藏改建储气库条件

一、勘探情况

相国寺地下构造发现于 1942 年,1960 年开始钻探 X1 井,同年 12 月发现茅口组气藏。1977 年 10 月,构造高点 X18 井在石炭系钻获高产气层,发现石炭系气藏,至 2009 年底共完钻井 37 口,获气井 19 口,探明长兴组、茅口组、石炭系三个气藏,茅口组和石炭系为主要气藏。三个气藏天然气探明储量共计 $76.44 \times 10^8 \mathrm{m}^3$,技术可采储量为 $60.67 \times 10^8 \mathrm{m}^3$。石炭系气藏已探明地质储量 $41.48 \times 10^8 \mathrm{m}^3$,技术可采储量 $41.17 \times 10^8 \mathrm{m}^3$。

二、开发情况

相国寺石炭系气藏开发始于 1977 年 11 月 14 日相 18 井的投产,1980 年完成开发方案设计并实施,在开采规模 $90 \times 10^4 \mathrm{m}^3/\mathrm{d}$ 下,稳产至 1987 年 12 月,随后开始递减。截至 2009 年 12 月底,累计采气 $40.07 \times 10^8 \mathrm{m}^3$,剩余地质储量 $1.41 \times 10^8 \mathrm{m}^3$,剩余可采储量 $1.1 \times 10^8 \mathrm{m}^3$,地质储量采出程度 96.6%,累计产凝析水 $1780\mathrm{m}^3$,产地层水 $110\mathrm{m}^3$。

三、改建前气藏生产井井况

至 2009 年 12 月底,气藏共有生产井 5 口,日产气量已降至 $5 \times 10^4 \mathrm{m}^3$ 左右,生产套压 $1.23 \sim 1.66\mathrm{MPa}$。生产油压 $1.23 \sim 1.65\mathrm{MPa}$,这些井都是在 1977 年至 1979 年之间建成的,已有 30 多年的生产史,油套管腐蚀和井筒状况都存在一些不确定性。

四、气藏保存条件及密封性分析

(一)盖层密封性分析

相国寺石炭系气藏上与二叠系、下与志留系均呈假整合接触。二叠系底部梁山组有广泛分布的、厚度约 9m 的致密泥页岩及茅口组的致密石灰岩为盖层,下伏志留系页岩层为底部隔层,形成了良好的封闭条件。相国寺石炭系气藏与茅口组气藏地层压力、流体性质相差大,说明相国寺石炭系气藏与茅口组气藏不连通,也说明盖层的密封性良好。

(二)断层密封性分析

相国寺石炭系气藏主断层都发育在构造翼部低处的转折部位,派生断层一般紧邻其上。多数断层断点都在圈闭线以下,远低于断层溢出点,控制相国寺构造的主断层并未破坏石炭系气藏的完整性。相国寺石炭系气藏具备原始的良好保存条件。自 1977 年钻获石炭系气藏生产至今,在区域内,未发生过剧烈的破坏性构造运动,气藏的保存条件没有经受过任何的破坏性构造作用。

五、气藏储渗性能分析

（一）有效储层分类

相国寺石炭系因沉积后遭风化剥蚀作用造成地层厚度较薄，各井钻厚差异不大，最厚 26.5m，最薄 7.5m，绝大部分是石炭系钻厚都在 10m 左右，整体上储层连续分布，厚度相对稳定。由于成岩期后的强烈次生作用造成储集层孔隙度较高，平均孔隙度 7.47%。

（二）储层渗流能力分析

1989 年与 2010 年试井资料解释表明，相国寺石炭系储层渗流能力强，在长期的生产过程中储层渗流能力没有发生明显的变化。

六、气藏连通性分析

各井完井测试地层压力对比显示，气藏后期完井的气井受到早期气井生产的影响，形成了先期压降，表明气藏各井井间连通性好。

七、枯竭条件下应力敏感效应影响程度分析

储层应力敏感性就是在岩石受到的有效应力增加时，孔隙度、渗透率等物性参数出现下降的趋势。对于同一个气藏，随着气藏的开采，气藏压力亦随之不断下降，储层孔隙将产生一系列的变化，这主要是由岩石和流体压缩引起的。根据川东石炭系岩样分析及相国寺石炭系气藏渗流能力分析证明相国寺石炭系气藏应力敏感性不强。

八、边水活跃性分析

相国寺石炭系气藏边水具有封闭有限、水体较小，能量不大且具有均匀进入的特点，因此在气藏多年的开采中边水向气藏的推进不大。在气藏压降储量图上累计采气量与视地层压力的关系基本上为一条直线，后期段无明显上翘，说明边水对气藏的开采无明显影响。

九、含油气特征分析

天然气为主，CH_4 体积含量为 97% 以上，C_2H_6 含量 1%，重烃含量微，H_2S 含量 0.002 ~ 0.007g/m^3 之间。天然气相对密度 0.567，为干气气藏。单井原始无阻流量在 $145 \times 10^4 m^3/d$ 以上，气井产能高。

第二节 相国寺储气库工程概况

一、关键运行参数

储气库运行压力:11.7 ~ 28MPa;原始地层压力为 28.73MPa，储气库上限压力取 28MPa，根据气藏压降方程，对应的库容为 $40.5 \times 10^8 m^3$。

根据对川渝管网调峰需求分析,满足川渝管网调峰要求的井口最低压力为7.0MPa,因此相国寺储气库下限压力以井口压力7.0MPa、最小合理采气量$40 \times 10^4 m^3/d$对应的地层压力为11.7MPa,确定储气库下限压力为11.7MPa。利用气藏压降方程,计算对应的垫底气量为$17.7 \times 10^8 m^3$,对应的工作气量为$22.8 \times 10^8 m^3$。

二、注采周期

储气库的主要作用就是调节季节性用气峰谷差,或者在发生意外时能保证供气的连续性。结合川渝地区供气特点综合分析,相国寺地下储气库的运行周期确定为:

采气期:11月15日—3月14日,共120天;

注气期:3月26日—10月30日,共220天;

平衡期:3月15日—3月25日,11月1日—11月14日,共25天。

平衡期主要用于气库设施检修、气藏压力平衡、资料录取等。

三、建设规模

相国寺储气库正常生产最大注气量为$1253 \times 10^4 m^3/d$,最大采气量为$1390 \times 10^4 m^3/d$。储气库战略应急最大采气量为$2855 \times 10^4 m^3/d$,战略应急采空后一个注气周期注满储气库的最大注气量为$1383 \times 10^4 m^3/d$。根据储气库运行方案,注气系统设计规模为$1400 \times 10^4 m^3/d$,采气系统设计规模为$2800 \times 10^4 m^3/d$,铜相线设计规模为$2100 \times 10^4 m^3/d$,相旱线设计规模为$1700 \times 10^4 m^3/d$,旱白线设计规模为$830 \times 10^4 m^3/d$。

四、储气库建设的主要工程内容

相国寺储气库主要工作量:封堵或修复利用与储气库相关的老井21口,新钻注采井13口(XC1、XC2、XC3、XC4、XC6、XC7、XC8、XC10、XC11、XC15、XC16、XC19、XC22井)和监测井5口(XJ1、XJ2、XJXJ3、XJ4、XJ5井),新建注采井场7个点号2、点号4、点号5、点号6、点号7、点号9、点号11,集注站1座,注采管线5条,输气管线3条等(表2-1)。

表2-1 相国寺储气库注采井井场及井组表

井场点号	井数(口)	井名		备注
		定向井	水平井	
2	2	XC15井、XC16井		XQ1井老井场
4	2	XC10井	XC8井	X7井老井场
5	2	XC7井	XC1井	新建井场
6	2	XC4井、XC6井		X5井老井场
7	1	XC3井		X30井老井场
9	2	XC2井、XC11井		新建井场
11	2	XC19井、XC22井		新建井场

第三章 相国寺储气库钻井工艺技术

第一节 钻井工程难点

相国寺储气库以枯竭型气藏为建库原形,出露地层老、地层高陡等特点,因此相国寺储气库钻井具有以下难点。

(1)石炭系、茅口组和长兴组储层已进入开发后期,储层压力系数极低(0.1~0.2),液体钻井液钻进极易井漏,压差卡钻风险极高。尤其是储气库目的层石炭系不仅钻井过程中易井漏、压差卡钻风险高,且钻完井过程中储层保护难度大。

(2)出露地层老,嘉陵江组及以上地层井漏严重,以及多个开发后期的低压层,固井质量难以保证。

(3)气显示层多,构造上的长兴组、茅口组裂缝发育,属异常高压层,若钻遇未开发的裂缝原始压力,可能出现漏喷同层。

(4)库区内煤矿等矿业较多,增大了安全钻井和矿场保护的难度。

(5)龙潭组、梁山组地层极易垮塌且与低压漏失井段同存,提高钻井液密度抑制垮塌受限,易出现垮塌与压差卡钻,若油层套管(φ177.8mm)未能封过梁山组地层,极易导致下一开(φ152.4mm)钻井过程中梁山组底部层段垮塌的风险,会导致水平井钻进复杂。

(6)石炭系储层薄,地层倾角及变化趋势难以准确掌握,会导致使储层水平井段钻进中难以达到始终在薄储层中穿行的储层完整性要求。

(7)井漏、垮塌、卡钻等风险极大地增加了保障每口注采井的井眼完整性的难度。

第二节 钻井方式及平台(井场)设计

一、钻井方式

枯竭气藏型储气库的改建都需要新钻注采井。为了有利于后期建设和管理,需要对钻井方式进行合理选择。一般根据应构造位置特点、气藏工程、注采能力设计,并结合工程建设难点,综合论证确定需要新钻注采井数与钻井方式,从均衡注采的角度确定直井、定向井(丛式井)的布置。

(一)直井钻井方式优缺点

1. 优点

(1)钻井工艺简单易操作,不易出现施工复杂和事故,风险小。

（2）钻井井深最短，单井钻井周期最短，钻井工程投资最低。

（3）直井作用于井壁的摩擦力小，有利于各种管柱的下入。

（4）直井相对于定向井更易于提高固井质量。

2. 缺点

（1）新钻每口井都需要新建或维修井场及通往井场的公路，占地面积庞大，征地费用高，新建钻井井场（平台）费用高。

（2）由于井场（平台）数量多，涉及避让水塘、鱼池、工厂、民房、高压线等建筑设施多，保护生态和地面其他矿场开发的补偿谈判增多且费用昂贵，安全管理点增多且难度增大。

（3）地面建设需要铺设的高压注采管线相对较多，增加地面投资，井口分散不便于运行后对井口的安全防护和日常生产管理。

（二）定向井（丛式井）钻井方式优缺点

1. 优点

（1）可以克服受地面条件限制、在不利于井场（平台）建设的构造部位实施均衡注采。

（2）相对于直井大幅度减少土地占用面积，并且减少地面管线、道路、井场的建设作业量，降低建设投资，也减少了建设中的安全管理问题，有利于生态保护与其他矿场开发保护。

（3）井口相对集中，有利于投入运行后对井口的安全防护和日常管理。

2. 缺点

（1）由于丛式钻井的特殊性，井眼之间距离较近，增加了钻井工程的设计和防碰施工难度，井深较直井深，钻井周期会增加。

（2）采用丛式定向钻井不可避免会有大位移定向井，造成井斜角增大，对井眼轨迹控制要求高，增加了管柱与井壁之间的摩擦阻力，易发生钻井复杂情况，增加套管及完井管柱以及后续生产动态监测仪器下的下入难度，不便于后期的修井维护。

（三）钻井方式选择

通过比较可以看出，储气库注采井采用直井钻井施工简单，但地面工程建设征地面积大，费用高，且不便于运行管理；而采用丛式井的钻井方式，可减少征地面积，减少修建井场、铺垫道路和铺设注采管线的工程量，节约了地面建设费用、地面注采管线网费用及钻机搬安费等相关费用，并且便于建成后的运行管理，具有良好的综合经济效益。

因此，根据相国寺储气库的规模、油气藏构造特征、单井注采能力和注采生产运行方式，采用在构造合适位置上选择钻井平台（井场），采用丛式定向井的钻井方式来完成储气库注采井钻井。经过优化设计，确定新钻注采井数 13 口（定向井 11 口、大尺寸水平井 2 口），备用观察井 2 口。

二、平台（井场）设计

丛式井平台（井场）设计包括：① 平台（井场）个数；② 平台（井场）位置；③ 地面井口的排列方式；④ 丛式井组各井井口与目标点间的井眼轨迹形状。

（一）设计原则

平台（井场）数量与平台（井场）丛式井数量需要从气藏工程、注采能力、安全和经济等角度进行优化，而不是建造的平台（井场）越少，每个平台（井场）钻的井越多越好。平台（井场）数量少，虽然能减少平台（井场）建设、钻机搬运安装等费用，但同时会增加井深和水平位移，增大井斜角，从而增加钻井、测井、注采完井的施工难度，也加大了钻井和完井等投资成本。

丛式井平台（井场）设计总的原则是：满足储气库建设整体部署要求，有利于安全、快速、经济地完成钻井、试采和集注等系统工程的建设，降低储气库建设总费用，提高整体投资效益。

（二）设计内容

1. 平台（井场）数量

首先应根据构造特征、注采能力目标井网与井数、目的层深度、地面条件、钻井工艺技术水平以及储气库工程质量与完整性要求，综合考虑每个建井过程中各阶段、各单项工程的难度、投入与质量保证进行经济技术综合论证。本着降低风险和降低施工难度的原则测算出每一个平台（井场）能够控制的井数，然后对所有目标点优化组合，经过反复计算和论证，达到理想的分组效果。当然，还需要结合地面条件最终确定平台（井场）数，若地面条件受限，则只能适当减少平台（井场）数。储气库注采井是一级风险管控井，因此在选择平台（井场）时一定要满足井控安全标准对周围环境的要求。对于部分水平位移较大的井应该采取多平台（井场）的钻井方式，以缩短水平位移，降低钻井施工难度和风险，缩短钻井周期和建设周期。

2. 平台（井场）位置

平台（井场）位置要按照平台（井场）内总进尺最少、水平位移最小等原则进行优选。根据注采井网布置、地面条件、拟定的平台（井场）个数、地层特点、定向井施工技术措施、工期以及成本等反复进行计算，直到选出最佳平台（井场）位置。

（1）平台（井场）位置选择。

充分利用老井井场和构造位置的自然环境、地理地形条件，尽量减少钻前施工的工作量；平台（井场）宜选在各井总位移（之和）最小的位置；综合考虑钻井能力和井眼轨迹控制能力；尽量降低定向施工和井眼轨迹控制的难度。

（2）平台（井场）布置。

井场大门方向宜与钻机移动方向一致；大门前方不应摆放妨碍钻机移动的固定设施；若储气层中含硫化氢，应考虑使大门方向朝向季节风的上风向；设备布置遵循设备移动尽可能少的原则。

3. 平台（井场）井口布局

根据每一个丛式井平台（井场）上井数，选择平台（井场）内地面井口的排列方式。根据平台（井场）内各井目标点与平台（井场）位置的关系，确定各井的布局。排列方式应有利于简化搬迁工序使全部钻完井组的时间最短。新钻注采井井间距应根据井场面积、布井数量、安全生产以及后期作业等因素统筹考虑，原则上不小于5m。

平台（井场）井口分布要有利于井与井之间的防碰，做到布局合理，尽量避免出现井眼轨迹交叉，减少防碰设计与施工井眼轨迹控制的难度。如果分布不恰当，会产生防碰绕障现象，极大地增加钻井难度,甚至会影响后续注采井的钻井以及井眼密封完整性相互干扰。

丛式井平台(井场)内井口的常用排列方式如下。

(1)"一"字形单排排列。适合于平台(井场)内井数较少的丛式井,有利于钻机及钻井设备移动。

(2)双排或多排排列。适合于一个丛式井平台(井场)上打多口井,为了加快建井速度和缩短投产时间,可同时动用多台钻机钻井。两排井口之间的距离一般为30~50m。

(3)环状排列和方形排列。这两种井口排列方式适用于钻井数较多的平台(井场),但在储气库钻井中尚未应用。

由于相国寺储气库属狭长高陡复杂构造,地处深丘山坡地带,因此,确定采用"一"字形单排排列丛式井布井方式,充分利用老井井场进行丛式井平台(井场)建设。

第三节 井身结构及井眼轨迹设计

一、井身结构设计

井身结构包括套管层次和下入深度以及井眼尺寸(钻头尺寸)与套管尺寸的配合。井身结构设计是钻井工程设计的基础,合理的井身结构是保证安全快速钻井的重要保障。储气库注采井与开发井不同,它不仅肩负着应急时快速采出天然气,或承担着把天然气安全注入储层的使命,属反复强采强注,且使用周期长,因此储气库注采井井身结构应有别于开发井井身结构。

(一)设计原则

(1)注采井井身结构应满足储气库长期周期性高强度注采安全生产的需要。

(2)各层套管下入深度应结合建库时实际地层压力、坍塌压力、破裂压力资料进行设计。钻下部高压地层时所用的较高密度钻井液产生的液柱压力,不致压裂上一层套管鞋下部的裸露地层。下入套管过程中,井内钻井液柱压力和地层压力之间的压差,不致产生压差卡阻套管事故。

(3)应避免把"漏、喷、塌、卡"等多种复杂情况放在同一裸眼井段,为全井安全顺利钻进、减少事故或复杂、缩短钻井周期创造条件。

(4)储气库对固井质量以及井筒完整性要求极高,应尽量减少多个低压漏失井段与多个高压层同在一个裸眼井段,为每层套管固井前堵漏承压和保证固井质量创造条件,这是储气库井身结构设计中非常重要的原则。在条件满足的情况下,尽可能采用储层专打,减少对储层的伤害。

(二)设计原理

1. 基本概念

(1)静液柱压力。

静液柱压力是由液柱重力引起的压力。它的大小与液柱的密度及垂直高度有关,而与液

柱的横向尺寸及形状无关。如果静液压力符号用 p_h 表示,则

$$p_h = 10^{-3} \rho g H \qquad (3-1)$$

式中　p_h——静液柱压力,MPa;

　　　ρ——液柱密度,g/cm³;

　　　g——重力加速度,9.81m/s²;

　　　H——液柱垂直高度,m。

由式(3-1)可知,液柱垂直高度越高,则静液柱压力越大。单位高度(深度)压力值的变化称为压力梯度。用符号 G_h 静液压力梯度,则

$$G_h = \frac{p_h}{H} \qquad (3-2)$$

式中　G_h——静液压力梯度,MPa/m;

　　　H——液柱垂直高度,m。

(2)上覆岩层压力和压力梯度。

上覆岩层压力是指覆盖在该地层以上的地层基质和孔隙中流体(油气水)的总重力造成的压力。用符号 p_o 表示上覆岩层压力,则

$$p_o = \int_0^H 10^{-3} [(1-\phi)\rho_{rm} + \phi\rho] g H \qquad (3-3)$$

式中　p_o——上覆岩层压力,MPa;

　　　ϕ——岩石孔隙度,%;

　　　ρ_{rm}——岩石基质的密度,g/cm³;

　　　ρ——岩石孔隙中流体的密度,g/cm³;

　　　g——重力加速度,9.81m/s²;

　　　H——液柱垂直高度,m。

上覆岩层压力梯度表示为

$$G_o = \frac{p_o}{H} = \frac{1}{H} \int_0^H 10^{-3} [(1-\phi)\rho_{rm} + \phi\rho] g H \qquad (3-4)$$

通常,上覆岩层压力梯度不是常数,而是深度的函数,并且不同的地质构造,压实程度也是不同的,所以上覆压力梯度随深度的变化关系也不同。据统计,古近—新近纪岩层的平均压力梯度为 0.0231MPa/m;碎屑岩岩层的最大压力梯度为 0.031MPa/m;浅层的岩层压力梯度一般小于 0.031MPa/m。

(3)地层压力。

地层压力是指作用在地下岩层孔隙内流体上的压力,也称地层孔隙压力,一般用符号 p_p 表示。大多数正常地层压力梯度为 0.0105MPa/m。

在钻井实践中,经常会遇到实际的地层压力梯度远远超过正常地层压力梯度的情况。超过钻井液静液柱压力的地层压力($p_p > p_h$),称之为异常高压;而低于静液柱压力的地层压力

$(p_p < p_h)$，称之为异常低压。钻井实践证明，四川盆地各种情况都可能遇到，但异常高压地层更为多见，它与钻井工程设计及施工的关系也最大。

（4）破裂压力。

地层破裂压力是指在某深度处，井内的钻井液柱所产生的压力升高到足以压裂地层，使其原有裂缝张开延伸或形成新的裂缝时的井内流体压力。

在钻井时，钻井液液柱压力的下限是保持与地层压力相平衡，以防止对油气层的污染，提高钻速，实现压力控制，而其上限则不应超过地层的破裂压力，以避免压裂地层而造成钻井液漏失，尤其在地层压力差别较大的裸眼井段，设计不当或掌握不好，会造成"先漏后喷"、"上吐下泻"的恶性事故。

（5）地层坍塌压力。

当井内液柱压力低于某一数值时，地层出现坍塌，地层坍塌压力就是指井壁岩石不发生坍塌、缩径等复杂情况的最小井内压力。

2. 设计原理

（1）井眼中的压力体系。

在裸眼井段中存在着地层压力、地层破裂压力和井内钻井液液柱压力的压力体系。安全钻进的压力体系必须满足以下条件

$$p_f \geqslant p_m \geqslant p_p \qquad (3-5)$$

式中　p_f——地层破裂压力，MPa；

　　　p_m——钻井液液柱压力，MPa；

　　　p_p——地层压力，MPa。

即钻井液液柱压力应略大于地层压力以防止井涌，但必须小于地层破裂压力，防止压裂地层发生井漏。如采用压力梯度，式（3-5）可写成：

$$G_f \geqslant G_m \geqslant G_p \qquad (3-6)$$

式中　G_f——地层破裂压力梯度，MPa/m；

　　　G_m——钻井液柱压力梯度，MPa/m；

　　　G_p——地层压力梯度，MPa/m。

若考虑到井壁的稳定性，还需要补充一个与时间有关的不等式，即

$$G_m(t) \geqslant G_s(t) \qquad (3-7)$$

式中　$G_m(t)$——钻井液液柱压力梯度，MPa/m；

　　　$G_s(t)$——地层坍塌压力梯度，MPa/m；

　　　t——时间。

以上压力体系是保证正常钻进所必需的，当这些压力体系能共存于一个井段时，即在一系列截面上能满足以上条件时，这些截面就不需要套管封隔，否则就需要用套管封隔开这些不能共存的压力体系。因此，井身结构设计有严格力学依据，即"地层—井眼"压力系统的平衡，只有充分掌握上述压力体系的分布规律才能做出合理的井身结构设计。

（2）液体压力体系的当量梯度分布。

液柱压力随井深呈线性变化，而当量梯度自上而下是一个定值。

若将上述体系密封起来，并施加一个确定的附加压力，则相当于施加于每一个深度截面上，仍不改变压力的线性分布规律，但此时的压力当量梯度分布却是一条双曲线。

（3）地层压力梯度和地层破裂压力梯度剖面的线性插值。

地层压力梯度和地层破裂压力梯度的数据一般是离散的，是由若干个压力梯度和深度数据的散点构成。求得连续的地层压力梯度和地层破裂压力梯度剖面，采用曲线拟合的方法是不适用的，但可采用线性插值的方法。在线性插值中，认为离散的两邻点间压力梯度变化规律为一直线。对任意深度 H 求线性插值的方法如下。

设自上而下顺序为 i 的点具有深度为 H_i，地层压力梯度为 G_{pi}，地层破裂压力梯度为 G_{fi}，而其上部相邻点的序号为 $i-1$，相邻的地层压力梯度为 $G_{p(i-1)}$，地层破裂压力梯度为 $G_{f(i-1)}$，则在深部区间 $H_i \sim H_{i-1}$ 内任意深度有

$$G_p = (H - H_{i-1}) \div (H_i - H_{i-1}) \times (G_{pi} - G_{p(i-1)}) + G_{p(i-1)} \quad (3-8)$$

$$G_f = (H - H_{i-1}) \div (H_i - H_{i-1}) \times (G_{fi} - G_{f(i-1)}) + G_{f(i-1)} \quad (3-9)$$

（4）必封点深度的确定。

裸露井眼中满足压力不等式条件式（3-5）或式（3-6）的极限长度井段称为可行裸露段。可行裸露段的长度是由工程和地质条件决定的，其顶界是上一层套管的必封点深度，底界为该层套管下部的必封点深度。

① 正常作业工况（钻进、起下钻）下必封点深度的确定。

在满足近平衡压力条件下钻井时，某一层套管井段钻进中的最大钻井液密度应大于或等于该井段最大地层压力梯度的当量密度与该井深区间钻进可能产生的最大抽汲压力梯度的当量密度之和，以防止起钻中抽汲造成溢流，即

$$\rho_m \geqslant \rho_{pmax} + S_b \quad (3-10)$$

式中　ρ_{pmax}——该层套管钻井区间最大地层压力梯度的当量密度，g/cm^3；

　　S_b——抽汲压力系数，g/cm^3。

下钻时使用这一钻井液密度，在井内将产生一定的激动压力。因此在一定钻井条件（井身结构、钻柱组合、钻井液性能等）下，井内有效液柱压力梯度的当量密度 ρ_{mE} 为

$$\rho_{mE} = \rho_{pmax} + S_b + S_g \quad (3-11)$$

考虑地层破裂压力检测误差，给予一个压力安全系数 S_f，则该层套管可行裸露段底界（或该层套管必封点深度）由式（3-12）确定

$$\rho_{pmax} + S_b + S_g + S_f \leqslant \rho_{fmin} \quad (3-12)$$

式中　S_g—— 激动压力系数，g/cm^3；

　　S_f——压力安全系数，g/cm^3。

　　ρ_{fmin}——该层套管钻井区间最小地层破裂压力梯度的当量密度，g/cm^3。

当然,任何一个已知的 ρ_{fmin} 也可以向下开辟一个可行裸露井深区间,确定可以钻开具有多大地层压力当量密度的地层。此时,该层套管钻井区间最大地层压力梯度的当量密度应满足

$$\rho_{pmax} \leqslant \rho_{fmin} - (S_b + S_g + S_f) \qquad (3-13)$$

② 出现溢流约束条件下必封点深度的确定。

正常钻进时,按近平衡压力钻井设计的钻井液密度为

$$\rho_m = \rho_p + S_b \qquad (3-14)$$

钻至某一井深 H_x 时,发生一个大小为 S_k 的溢流,停泵关闭防喷器,立管压力读数 p_{sd} 为

$$p_{sd} = 0.00981 \, S_k \, H_x \qquad (3-15)$$

或

$$S_k = \frac{p_{sd}}{0.00981 \, H_x} \qquad (3-16)$$

式中 p_{sd} —— 立管压力,MPa;

H_x —— 出现溢流的井深,m;

S_k ——井深 H_x 处地层压力当量密度与井筒内钻井液密度差值(为正),g/cm³。

关井后井内有效液柱压力平衡方程为

$$p_{mE} = p_m + p_{sd} \qquad (3-17)$$

或

$$0.00981 \, \rho_{mE} H = 0.00981 (\rho_p + S_b) H + 0.00981 \, S_k \, H_x \qquad (3-18)$$

即

$$\rho_{mE} = \rho_p + S_b + \frac{H_x \, S_k}{H} \qquad (3-19)$$

裸露井段区间内地层破裂强度(地层破裂压力)均应承受这时井内液柱的有效液柱压力,考虑地层破裂安全系数 S_f,即:

$$\rho_{fmin} \geqslant \rho_p + S_b + S_f + \frac{H_x \, S_k}{H} \qquad (3-20)$$

由于溢流可能出现在任何具有地层压力的井深位置,故其一般表达式为:

$$p_{pmax} + S_b + S_f + \frac{H_x \, S_k}{H} \leqslant \rho_{fmin} \qquad (3-21)$$

同样,也可以由套管鞋部位的地层破裂压力梯度,下推求得满足溢流条件下的裸露段底

界。此时 H_x 为当前井深,它对应于 ρ_{fmin}, H 为下推深度。其数学表达式如下:

$$p_{pmax} \leqslant \rho_{fmin} - \left(S_b + S_f + \frac{H S_k}{H_x} \right) \qquad (3-22)$$

③ 压差卡钻约束条件下必封点深度的确定。

在下入套管过程中,钻井液密度为 $(\rho_p + S_b)$,当套管柱进入低压力井段会有压差黏附卡套管的可能,故应限制压差值。限制压差值在正常压力井段为 Δp_N,异常压力地层为 Δp_A。也就是说,钻开高压层所用钻井液产生的液柱压力不能比低压层所允许的压力高 Δp_N 或 Δp_A。即:

$$p_m - p_{pmin} \leqslant \Delta p_N \qquad (3-23)$$

$$p_m - p_{pmin} \leqslant \Delta p_A \qquad (3-24)$$

在井身结构设计中,设计出该层套管必封点深度后,一般用式(3-23)或式(3-24)来校核是否能安全下到必封点位置。

(5)套管与井眼尺寸的确定。

确定井身结构一般由内向外依次进行。首先确定生产套管尺寸,再确定下入生产套管的井眼尺寸,然后确定中间套管尺寸等,以此类推,直到表层套管的井眼尺寸,最后确定导管尺寸。生产套管尺寸根据注采工程设计来确定。套管与井眼之间有一定间隙,间隙过大则不经济,过小不能保证固井质量。间隙值最小一般在 $9.5 \sim 12.7mm(\frac{3}{8} \sim \frac{1}{2}in)$ 范围,最好为 $19mm(\frac{3}{4}in)$。

目前,国内外所生产的套管尺寸及钻头尺寸已标准化系列化。套管与其相应井眼的尺寸配合基本确定或在较小范围内变化。图3-1给出了套管与井眼尺寸选择表。使用该表时,先确定最后一层套管(或尾管)尺寸,自下而上,依次确定套管和井眼尺寸。实线表明套管与井眼尺寸的常用配合,它有足够的间隙以下入该套管及注水泥。虚线表示不常用的尺寸配合(间隙较小)。如果选用虚线所示的组合时,则必须对套管接箍、钻井液密度、注水泥及井眼曲率大小等应予以考虑。

(三)井身结构

地质资料表明,相国寺注采井区内出露地层为须家河组,石炭系气藏垂深一般为 $2200 \sim 2600m$;井场部署方案中有三个井场在库区外,出露地层为自流井组,而石炭系气藏垂深一般 $1900 \sim 2200m$,因此相国寺储气库井身结构设计在库区内和库区外有所不同。

(1)表层套管下入深度。相国寺构造位于山区,地形高差大,且库区内出露地层为须家河,煤矿较多,为确保钻井安全和减少井漏等复杂情况,表层套管下入深度必须超过井口周围 $500m$ 范围内最低位置以下,且表层套管下入深度必须大于煤矿坑道最大深度 $100m$ 以上。结合地表情况及煤矿坑道情况,表层套管最低下入深度为 $500m$ 左右。

(2)技术套管下入深度。鉴于储气库 $30 \sim 50$ 年的使用期,井筒会频繁受到注气和采气的交变作用的影响,同时相国寺构造雷口坡组、嘉陵江组地层易井漏,因此技术套管采取适当加深,以确保井筒的长期安全。根据地层压力、上部地层复杂情况和靶前位移,以及造斜点的优选情况确定技术套管下入深度。若造斜点较浅(小于 $1500m$),则技术套管下深至飞仙关组中部(进入飞仙关 $100m$ 左右),若造斜点较深(大于 $1500m$),则下至长兴组顶。要避免进入裂缝

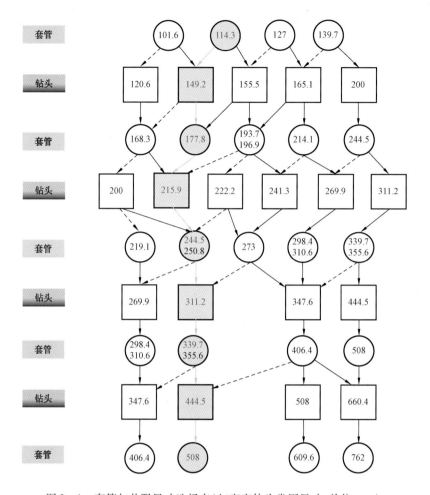

图 3-1 套管与井眼尺寸选择表（红字字体为常用尺寸,单位:mm）

性产层的长兴组和茅口组地层,防止进入后出现低压大漏和异常高压。

（3）油层套管下入深度。石炭系储层压力系数低,为保护储层,油层套管下至石炭系顶,封隔上部复杂层,为石炭系储层专打创造条件。为安装井下油管安全阀,油层套管自井口以下150m 段采用 $\phi 206.4mm$ 套管,其余井段采用 $\phi 177.8mm$ 套管,即 $\phi 206.4mm + \phi 177.8mm$ 套管组合。

为确保固井质量和井筒完整性,井身结构应尽量减少多个低压漏失井段与多个高压层同在一个裸眼井段,为每层套管固井前堵漏承压和保证固井质量创造条件,减少一次固井施工大压差井漏风险和承压堵漏困难。因此,油层套管一般采用先悬挂后回接方式固井。悬挂固井施工前还要做好固井施工承压能力模拟试验。

1. 库区内定向井井身结构

$\phi 660.4mm$ 钻头开眼,钻至井深 50m 左右,下 $\phi 508mm$ 导管,封隔表层易漏层。

$\phi 444.5mm$ 井眼钻至井深 600m 左右（嘉陵江组四段）,下 $\phi 339.7mm$ 表层套管封隔须家河组煤层、易垮地层和浅表漏层。

φ311.2mm 井眼钻至长兴组顶(或进入飞仙关组100m),下 φ244.5mm 技术套管,封隔雷口坡组、嘉陵江组恶性井漏层段。

φ215.9mm 井眼钻至石炭系顶(进入石炭系1m),下 φ177.8mm 油层套管,封隔长兴组和茅口组产层以及栖霞组相对高压层和梁山组盖层。

φ152.4mm 井眼钻完目的层石炭系,下 φ127mm 筛管完井(表3-1、图3-2)。

表3-1 库区内定向井井身结构方案设计表

开钻次序	钻头		套管			水泥返至井深(m)
	尺寸(mm)	斜深(m)	尺寸(mm)	斜井段(m)	套管鞋位置	
1	660.4	50	508	0~49	须家河组	0
2	444.5	600	339.7	0~598	嘉陵江组四段	0
3	311.2	1700	244.5	0~1698	长兴组顶	0
4	215.9	2600	177.8	0~2598	石炭系顶	0
5	152.4	2900	127	2550~2900	石炭系	悬挂筛管

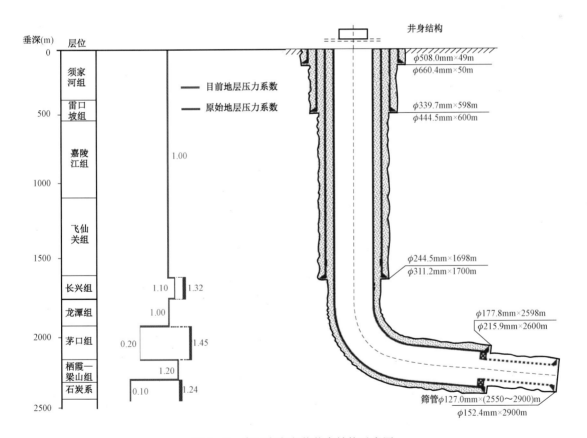

图3-2 库区内定向井井身结构示意图

2. 库区外定向井井身结构

ϕ660.4mm 钻头开眼,钻至井深 50m 左右,下 ϕ508mm 导管,封隔表层易漏层。

ϕ444.5mm 井眼钻至井深 760m 左右(嘉五段),下 ϕ339.7mm 表层套管封隔须家河组煤层、易垮地层和浅表漏层。

ϕ311.2mm 井眼进入飞仙关组 100m(或钻至长兴组顶),下 ϕ244.5mm 技术套管,封隔雷口坡组、嘉陵江组恶性井漏层段。

ϕ215.9mm 井眼钻至石炭系顶(进入石炭系 1m),下 ϕ177.8mm 油层套管,封隔长兴组和茅口组产层,以及栖霞组相高压层和梁山组盖层。

ϕ152.4mm 井眼钻完目的层石炭系,下 ϕ127mm 筛管完井(表 3 – 2、图 3 – 3)。

表 3 – 2 库区外定向井井身结构方案设计表

开钻次序	钻头		套管			水泥返至井深 (m)
	尺寸 (mm)	斜深 (m)	尺寸 (mm)	斜井段 (m)	套管鞋层位	
1	660.4	50	508	0～49	自流井	0
2	444.5	760	339.7	0～758	嘉五	0
3	311.2	2000	244.5	0～1998	飞一顶	0
4	215.9	2600	177.8	0～2598	石炭系顶	0
5	152.4	2800	127	2550～2800	石炭系	悬挂筛管

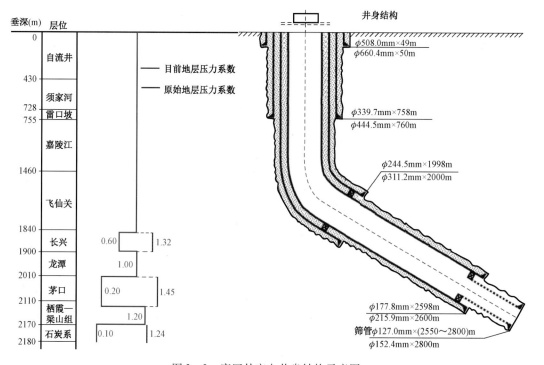

图 3 – 3 库区外定向井身结构示意图

3. 大尺寸水平井井身结构

为满足储气库"少井多采多注"需要,加大井身结构是提高单井注采能力的前提。例如XC1井、XC8井探索实施了加大一级井身结构设计,井身结构采用了 $\phi720mm$ 导管 + $\phi508mm$ 表层套管 + $\phi339.7mm$ 技术套管 + $\phi244.5mm$ 油层套管 + $\phi177.8mm$ 防砂筛管"五开五完"的套管程序(表3-3、图3-4)。

表3-3 大尺寸井眼井身结构方案设计表

开钻次序	钻头		套管			水泥返至井深（m）
	尺寸（mm）	斜深（m）	尺寸（mm）	斜井段（m）	套管鞋位置	
1	914.4	50	720	0~49	须家河组	0
2	660.4	500	508	0~498	嘉陵江组	0
3	444.5	1500	339.7	0~1498	飞仙关组	0
4	311.2	2600	244.5	0~2598	石炭系顶	0
5	215.9	2800	177.8	2550~2800	石炭系	悬挂筛管

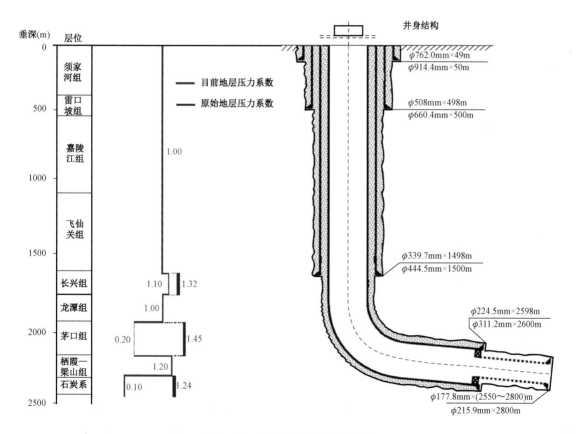

图3-4 水平井井身结构示意图

二、井眼轨迹设计

(一)设计依据

1. 基本数据

地面井位坐标、地下目标点坐标和目的层垂直深度是进行定向井设计的基本数据。利用这些数据进行坐标换算,可计算和设计出井眼的方位角、井斜角和水平位移。此外,还需要根据全层位构造剖面来进行丛式井组的防碰设计,以及井眼轨迹避开上部浅层采空低压区、远离断层等特殊设计。

2. 地质条件

进行井眼轨迹设计时,应详细了解该地区的各种地质情况,如:地质分层、岩性、地层压力、断层分布以及上部浅层采空低压区、煤矿巷道分布等地质条件。同时还应了解地层的造斜特性、井斜方位漂移及所钻区块可能出现过的漏、喷、垮等复杂情况,以利于优化井眼轨迹设计,减少井下复杂情况的发生。

3. 工具要求

在定向井设计时,设计的井眼曲率要符合施工工具及钻具组合的造斜能力,使设计的井眼轨迹具有可实施性。

(二)设计原则

(1)在满足实现地质目标的前提下,应尽可能选择比较简单的剖面类型,以减小井眼轨迹控制的难度和钻井工作量,有利于安全快速钻井,降低成本。

(2)要满足注采工艺的要求。在选择造斜点、井眼曲率及最大井斜角等参数时,应有利于钻井、完井和注采作业及修井作业。

(3)如受限于地面条件限制而需采用大斜度井或水平井时,剖面设计首先要考虑储气库注采井的技术要求,在地面和地质允许的条件下尽可能设计成二维剖面,更好地为固井施工提供条件,提高套管居中度和顶替效率。另外,还应重点考虑大斜度井或水平井的井眼曲率应满足后续钻井工具和套管柱所允许的曲率要求,便于各层级套管顺利下至必封点位置,实现各层级套管的封固目的,提高固井质量。

(三)设计原理

1. 井身轨迹剖面

(1)定向井。

定向井的井身剖面多种多样,常用的剖面有"直—增—稳"三段制剖面和"直—增—稳—降—直"五段制剖面,进行剖面设计时要根据钻井目的、地质要求和防碰、固井特殊要求等具体情况,选用合适的剖面类型进行设计(表3-4)。

表 3 - 4　定向井常用井身剖面

剖面类型	井眼轨迹	用途特点
三段制	直一增一稳	常规定向井剖面、应用较普遍
	直一增一降	多目标井、不常用
四段制	直一增一稳一降	多目标井、不常用
	直一增一稳一增	用于深井、小位移常规定向井
五段制	直一增一稳一降一直	用于深井、小位移常规定向井

定向井设计井身剖面按在空间坐标系中的几何形状，又可分为二维定向井剖面和三维定向井剖面两类，储气库新钻井的井身剖面大多都是二维定向井剖面。对丛式井，依据地质靶点和井场井口布局可能会出现三维井身剖面。

（2）水平井。

利用水平井作为储气库注采气井在国外储气库中应用较多，在国内储气库中尚处于试验阶段。按从垂直井段向水平井段转弯时的转弯半径（井眼曲率）的大小，水平井可分为长半径、中半径、中短半径、短半径和超短半径等几种类型（表 3 - 5）。对于水平井剖面设计，宜采用"直一增一平"单增剖面和"直一增一稳一增一平"双增剖面。

表 3 - 5　水平井剖面分类

类别	井眼曲率
长半径	<6°/30m
中半径	(6°～20°)/30m
短半径	(1°～10°)/m

长半径水平井可以使用常规定向钻井的设备和方法，其固井和完井也与常规定向井基本相同，只是施工难度较大，钻进井段长，摩阻大，起下管柱难度大。

中半径水平井在增斜段均要用弯外壳井下动力钻具或导向系统进行增斜，并使用随钻测量仪器进行井眼轨迹控制。与长半径水平井相比靶前无用进尺少，井下扭矩和摩阻较小，中靶精度高，是目前较为普遍的水平井类型。

短半径和中短半径水平井需要特殊的造斜工具，完井多用裸眼或下割缝筛管完井。

依据井眼水平位移要求和储气库对固井与井筒完整性要求，多采用长半径和中半径水平井设计。

储气库水平井剖面一般采用单增或双增剖面。双增剖面井眼曲率变化平缓，施工难度小，水平延伸段长，有利于提高中靶精度。

2. 技术指标优化

（1）造斜点。

造斜点应选在比较岩性稳定、可钻性较均匀的地层，避免在硬夹层、岩石破碎带、漏失地层或容易坍塌等复杂地层定向造斜，以免出现井下复杂情况，影响定向施工。造斜点的深度应根据垂直井深、水平位移和选用的剖面类型决定，并要考虑满足注采气工艺的需要。设计垂深大且水平位移小的定向井时，应采用深层定向造斜，以简化井身结构和强化直井段钻井措施，提高钻井速度。设计垂深小且水平位移大的定向井,则应提高造斜点的位置,在浅层定向造斜,既可减少定向施工的工作量,又可满足大水平位移的要求。如存在方位漂移严重的地层,选择造斜点位置时应尽可能使斜井段避开这种地层或利用井眼方位漂移的规律钻达目标点。

(2)最大井斜角。

实践经验表明,若定向井井斜角小于15°,方位不稳定,容易漂移;井斜角大于45°,测井和完井作业施工难度加大,扭方位困难,转盘扭矩大,并易发生井壁坍塌等情况。因此,应尽量减少大井斜角的设计,避免钻井作业时扭矩和摩阻增加,同时也可以减小钻井施工的难度,保证其他井筒作业的顺利进行。为了有利于井眼轨迹控制和测井、完井、注采作业,储气库注采井尽可能地将井斜角控制在20°~45°范围内。

如由于地质目标要求或其他限制条件只能采用五段制井身剖面时,井斜角不宜太大,一般控制在18°~25°范围内,否则降斜井段太长,会给钻井工作带来不利因素。如果设计的最大井斜角影响注采作业或增加施工难度,应提高造斜点或增大井眼曲率。

(3)井眼曲率。

在选择井眼曲率值时,要考虑造斜工具的造斜能力,减小起下钻和下套管的难度以及缩短造斜井段的长度等各方面的要求。为了保证造斜钻具和套管安全顺利下井,必须对设计剖面的井眼曲率进行校核。应该使井身剖面的最大井眼曲率小于井下动力钻具组合和下井套管抗弯曲强度允许的最大曲率值。

井下动力钻具定向造斜及扭方位井段的井眼曲率应满足式(3-25):

$$K_m < \frac{0.728(D_B - D_T) - f}{L_T^2} \times 45.84 \qquad (3-25)$$

式中 K_m——井眼曲率,(°)/100m;

D_B——钻头直径,mm;

D_T——井下动力钻具外径,mm;

f——间隙值(软地层取$f=0$,硬地层取$f=3~6$),mm;

L_T——井下动力钻具长度,m。

下井套管允许的最大井眼曲率应满足下式:

$$K_m' = \frac{5.56 \times 10^{-6} \times \delta_c}{C_1 \times C_2 \times D_c} \qquad (3-26)$$

式中 K_m'——最大井眼曲率,(°)/100m;

δ_c——套管屈服极限,Pa;

C_1——安全系数,一般取1.2~1.25;

C_2——螺纹应力集中系数,取值1.7~2.5;

D_c——套管外径,mm。

3. 防碰措施

对于丛式定向井的防碰问题,一是丛式井井位布局时充分考虑地层自然造斜方位,优化各井的地下目标实现途径,减小防碰问题出现的概率,表层尽量采用直井钻进实现防碰目的;二是应将老井一并纳入进行丛式井组防碰设计,同时要求在对老井实施封堵作业时补测陀螺仪井斜方位数据,为防碰设计与施工控制提供更可靠的参考数据;三是施工时采取必要的严密监测与预测等措施,防止井眼相碰。

要杜绝井眼相碰的情况发生。在丛式定向井设计时,要把防碰考虑体现在设计中,主要措施有:① 相邻井的造斜点上下错开50m;② 尽量用外围的井口打位移大的井,造斜点浅;用中间井口打位移小的井,造斜点较深;③ 依据地质井位,按整个井组的各井方位,尽量均布井口,使井口与井底连线在水平面上的投影图尽量不相交,且呈放射状分布,以利于井眼轨迹跟踪;④ 对于防碰距离近的井,可通过调整造斜点和造斜率的方法增大防碰距离;⑤ 对于有防碰问题的一组井或几口井的剖面设计,先钻的井必须要给后续待钻的相邻井预留安全空间。

(四)井眼轨迹设计与控制

1. 井眼轨迹优化设计

相国寺储气库井型采取定向井和水平井两种类型。

为确保井筒质量,定向井井眼轨迹应尽可能平滑,定向井原则上设计采用"直—增—稳"三段制剖面,便于提高机械钻速和井眼轨迹控制。如果稳斜井段过长,造成稳斜非常困难,可增加转盘钻微增斜井段。

相国寺构造出露地层老,受地表水的溶蚀作用,在雷口坡组和嘉陵江组地层存在恶性井漏层段,因此,造斜点和增斜段应尽可能避开这两个层段。

基于储气库注采井对固井质量和井筒完整性要求,为减少套管磨损和确保套管顺利下入,造斜率应尽可能小,同时综合考虑相国寺地层漏、喷、垮等复杂条件的影响,造斜率一般要求:ϕ444.5mm井眼控制在15°/100m以内、ϕ311.2mm井眼控制在20/100m以内,ϕ215.9mm井眼控制在25°/100m以内。

(1)库区内井场井眼轨迹设计。

相国寺储气库库区内井场各井的水平位移和石炭系顶界垂深,完全能满足以上井眼轨迹方案设计要求,以XC10井为例,见表3-6和图3-5。

表3-6 XC10井井眼轨迹剖面数据表

描述	斜井段(m)	井斜(°)	方位角(°)	垂深(m)	狗腿度[(°)/30m]	闭合距(m)	闭合方位(°)
直井段	0	0	0	0	—	0	0
	80	0.5	180	80	—	0.35	180.00
	320	4.0	140	319.78	—	9.49	145.43
	500	1.5	140	499.56	—	18.10	142.84
	950	1.5	140	949.41	—	29.870	141.72
	1280	3.0	140	1279.14	—	42.82	141.20
增斜扭方位	1422	23	114.2	1416.85	4.3	72.70	131.05
稳斜段	2335	23	114.2	2257.27	—	426.83	117.03
增斜段	70.00	44	114.2	2369.22	4.67	500.85	116.61

描述	斜井段(m)	井斜(°)	方位角(°)	垂深(m)	狗腿度[(°)/30m]	闭合距(m)	闭合方位(°)
稳斜段 （靶点）	2526.7	44	114.2	2410.00	—	540.20	116.44
	2532	44	114.2	2413.82	—	543.88	116.42
增斜段	2550	48	114.2	2426.32	6.67	556.82	116.37
产层段	2675	48	114.2	2509.96	—	649.66	116.06

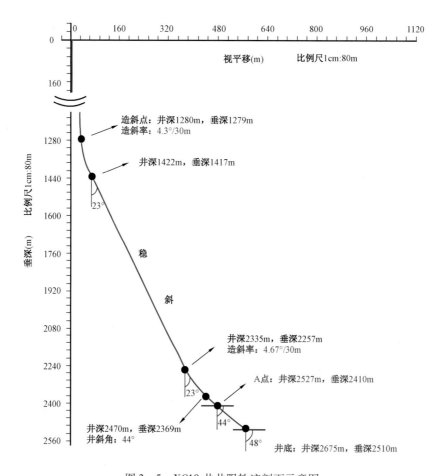

图 3-5　XC10 井井眼轨迹剖面示意图

XC10 井的井眼轨迹剖面简单，为"直—增—稳—增—稳"五段制，造斜点位于飞仙关组（垂深 1280m），避开了恶性井漏层段，最大造斜率为 6.67°/30m，最大井斜角 48°，满足完井作业要求。

（2）库区外井场井眼轨迹设计。

相国寺储气库构造南端主体位置分布有大量的煤矿开采巷道，不得不将三个井组（共 9 口井）移到库区外，其垂深减少 300~400m，水平位移增加，定向钻井难度增大。库区外井场定向井井眼轨迹剖面主要采用"直—增—稳—增—稳"五段制。第一个增斜段增至 40° 左右稳斜，尽可能增加较小井斜角井深，以确保后期完井作业管串的顺利下入（图 3-6、表 3-7、图 3-7）。

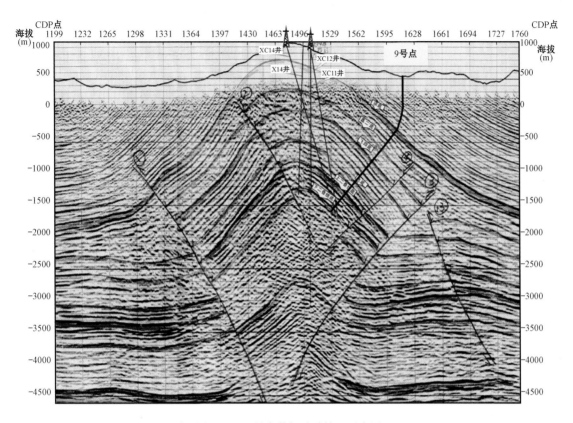

图 3-6　9号点井场移动情况示意图

表 3-7　XC2 井井眼轨迹剖面数据表

井段	斜深 （m）	层位	增斜率 [（°）/100m]	井斜 （°）	方位 （°）	垂深 （m）	闭合距 （m）	闭合方位 （°）
直井段	0~500	自流井—须家河组	0	0	—	0~500	0	—
造斜段	500~833	须家河组	12	0~40	349.53	500~807	0~112	349.53
稳斜段	833~2013	须家河—飞仙关组	0	40	349.53	807~1710	112~870	349.53
造斜段	2013~2179	飞仙关组	15	40~65	349.53	1710~1811	870~1001	349.53
稳斜段	2179~3029	飞仙关组—石炭系	0	65	349.53	1811~2170	1001~1771	349.53

（3）大井眼水平井井眼轨迹。

相国寺储气库先期部署了 2 口大尺寸水平井进行试验，其中 XC8 井水平段沿构造长轴方向钻进，该井组新布井 2 口，老井 2 口，防碰要求较高，井眼轨迹为三维，轨迹控制难度相对较大。XC1 井井口位置在构造西翼，过构造高点在东翼实施水平井钻进，井眼轨迹为二维，轨迹控制难度相对较小，但 XC1 井最大的不确定性在于构造高点的准确判断，否则水平井段钻进中就会"筑底碰顶"、破坏储层的密封完整性，水平井段钻井控制难度大。两口井井眼轨迹剖面数据见表 3-8。

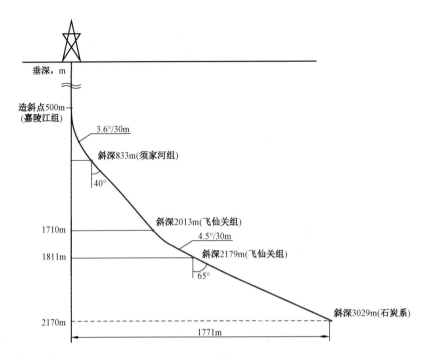

图 3 - 7　XC2 井井眼轨迹垂直剖面示意图

表 3 - 8　井眼轨迹剖面数据表

井号	井段	测深 （m）	井斜 （°）	方位 （°）	垂深 （m）	狗腿度 [（°）/30m]	闭合距 （m）	闭合方位 （°）
XC8 井	直井段	0.00	0.00	111.52	0.00	0.00	0.00	0.00
		1200.00	0.00	111.52	1200.00	0.00	0.00	0.00
	增斜段	1368.18	25.23	111.52	1362.80	4.50	36.43	111.52
	稳斜段	1823.99	25.23	111.52	1775.13	0.00	230.70	111.52
	扭方位	2068.91	23.50	9.00	2006.57	4.60	278.29	101.28
	调整段	2078.91	23.50	9.00	2015.74	0.00	278.16	100.46
	增斜段	2571.75	82.34	9.00	2300.00	3.58	462.08	46.00
	稳斜段	2871.75	82.34	9.00	2339.99	0.00	722.06	31.65
XC1 井	直井段	0.00	0.00	0.00	0.00	0.00	0.00	0.00
		1200.00	0.00	0.00	1200.00	0.00	0.00	0.00
	增斜段	1547.00	41.65	148.00	1517.33	3.59	120.71	148.00
	稳斜段	2267.00	41.65	148.00	2055.02	0.00	598.93	148.00
	增斜段	2456.00	64.32	148.00	2168.00	3.60	748.80	148.00
	稳斜段	2756.00	64.32	148.00	2298.18	0.00	1019.50	148.00

以 XC8 井为例,井眼轨迹垂直剖面和水平投影分别见图 3 - 8 和图 3 - 9。

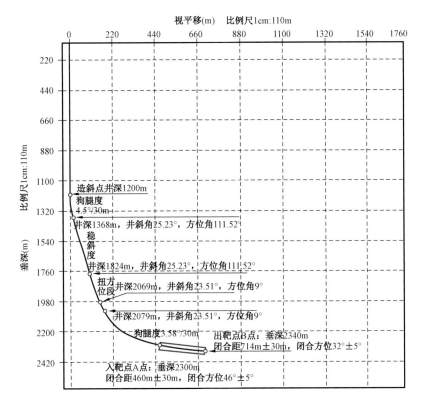

图 3-8 XC8 井井眼轨迹垂直剖面

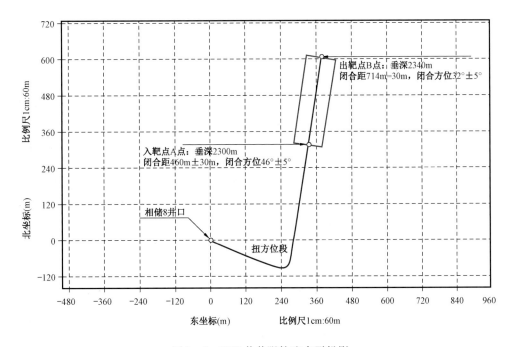

图 3-9 XC8 井井眼轨迹水平投影

2. 井眼轨迹监测与控制

（1）定向井井眼轨迹监测及控制。

定向井钻进时，应根据井眼轨迹设计方案，综合考虑轨迹控制工具及监测方式。直井段主要采取钟摆钻具组合尽可能打直（气体钻进井段尽可能采用空气锤）。若目标靶区在地层自然造斜方向，且水平位移较大时，可在表层套管固井后，充分利用地层自然造斜规律钻进，增加靶前位移距离，减少下部井段定向钻井难度。直井段监测方式采用单点或者电子多点监测，单点监测间距不得大于100m，多点测斜间距不大于30m。造斜段采用弯螺杆钻具滑动钻进，MWD监测井眼轨迹。稳斜段和微增斜井段采用小角度弯螺杆钻具配合转盘复合钻进或采用微增斜钻具组合转盘钻进，监测方式仍采用MWD无线随钻监测仪。各井段控制及监测方式见表3-9。

表3-9 轨迹控制及监测方式

注释	钻井方式	监测方式
直井段	塔式/钟摆防斜打直	单点（电子多点）（丛式井间距小采用陀螺仪监测）
造斜段	1°弯螺杆滑动钻进定向造斜	MWD（气体钻进采用EMWD）
稳斜段/微增斜井段	0.75°弯螺杆+转盘钻复合钻进稳斜（或微增斜钻具组合转盘钻进稳斜）	MWD（储层氮气钻进采用EMWD）

丛式井组第一口井直井段应采用电测或电子多点测得准确的井斜、方位数据，为后期所钻井是否需要进行提前定向防碰提供依据。对于丛式井组井间距离较小、易发生井碰的井段，可增测陀螺仪井斜与方位数据，杜绝井眼相碰。利用老井场钻井，应先采用陀螺测斜仪测得老井眼的井斜、方位数据。新井钻进时，若井眼相隔较近，也应采用陀螺测斜仪监测井眼轨迹，根据实测数据计算分析，并采取相应的控制措施，防止井眼相碰。

（2）水平井井眼轨迹监测及控制。

相国寺储气库在石炭系储层非常薄，一般为8~10m左右，为保证井眼"不触底、不碰顶"，始终在储层中钻进的储层完整性要求，推荐采用近钻头旋转地质导向，结合地质综合储层岩性跟踪和井眼轨迹加密监测方式钻井，主要钻具组合为：

① ϕ215.9mm PDC钻头1只+旋转导向（LWD）+回压阀1只+ϕ171mm 无磁钻铤1根+ϕ127mm钻杆36根 + ϕ127mm加重钻杆3根+随钻震击器+ϕ127mm加重钻杆6根+ϕ127mm钻杆；

② ϕ152.4mm PDC钻头1只+旋转导向（LWD）+回压阀1只+ϕ121mm无磁钻铤1根+ϕ88.9mm斜坡钻杆+ϕ88.9mm斜坡加重钻杆6根+随钻震击器+ϕ88.9mm斜坡加重钻杆。

第四节 钻井工艺技术

储气库新钻注采井在充分考虑储气库对井工程质量与完整性要求基础上，结合构造、地层岩性特点，有针对性地采用以下多种工艺技术进行优化设计：一是在须家河—飞仙关组采用气体钻进；二是采用PDC+螺杆提速工艺；三是低压储气层石炭系实施专打，设计氮气钻进、备用优质低密度钻井液钻进;四是在储气层石炭纪地层和盖层实施取心钻进工艺,为进一步认识储气层物性和盖层完整性提供依据;五是对上部低压漏层优化设计堵漏工艺。这些工艺技术的实施,很好地解决了相国寺储气库打的技术难题,其防漏提速效果显著。

一、气体钻井

气体钻井技术在 20 世纪 50 年代发源于美国,目前该技术在欧美发达国家主要用于提速增效,对付井下复杂,提高勘探发现率,提高单井原始产能等目的。气体钻井技术在国内起步较晚,20 世纪 90 年代初四川石油管理局开始对气体钻井技术进行技术攻关和现场试验。2005 年以后气体钻井技术在四川盆地迅速兴起,形成了完善配套的应用技术,取得了革命性的技术进步。

(一)工艺技术

1. 可行性分析

相国寺储气库构造主体以出露须家河组地层为主,钻井实践表明:① 须家河—飞仙关组地层压力均小于静水柱压力,且裂缝孔隙发育,漏失严重,在 20 世纪 70 年代钻的老井多采用清水强钻,才得以克服井漏,完成钻探工作。② 地层岩性多以碳酸盐岩为主,井壁相对比较稳定。

须家河组地层层厚 200 ~ 300m,以砂岩和页岩为主、夹有煤层,产少量地表水、有水敏性垮塌的风险,但此井段的井壁垮塌一般有一周时间的安全钻井周期,利用这个时间段,气钻钻井已经能够完成钻井和表层套管固井作业。另外,嘉陵江—飞仙关组气体钻时可能遇气显示且含硫化氢有毒气体,但显示会相对比较弱。因此,应储备除硫剂和清水,一旦有显示,应立即泵入加有除硫剂的清水,同时应根据情况转换为氮气充气钻井或转换为液体钻井液钻井,返至地面的气体应点火燃烧,以确保气体钻进安全。

石炭系岩性主要为白云岩,地层稳定,不易垮塌,储层天然气硫化氢含量低,(硫化氢含量小于国家规定 20mg/m³ 标准)可直天然气供用户,大大低于安全钻井临界值(75mg/m³)。为防止天然气与空气混合一定比例燃爆的情况发生,石炭系推荐采用氮气钻井。

综上所述,相国寺储气库钻井满足气体钻井、防漏提速的条件,而且还有利于有煤矿开采的须家河组地层的安全钻进。

2. 设备选型

(1)旋转控制头。

对于正常尺寸井眼水平井,二开 $\phi444.5$mm 井眼空气钻井选用 FX54 - 3.5/7 型旋转控制头,五开 $\phi152.4$mm 井眼氮气钻井选用 FX28 - 7/14 型旋转控制头。

对大尺寸井眼水平井,二开 $\phi660.4$mm 井眼空气钻井选用 SK70 - 1.5/3.5 型旋转控制头,三开 $\phi444.5$mm 井眼氮气钻井选用 FX54 - 10.5/14 型旋转控制头,五开 $\phi215.9$mm 井眼氮气钻井选用 FX28 - 10.5/21 型旋转控制头。

(2)气体燃烧处理装置。

气体燃烧处理装置包括:排砂管线、防回火装置、自动点火装置和火炬等。排砂管线直径不低于 203mm(8in),要垂直接出井场外,直管段出口端部设置安全破裂盘,排砂管线接出距井口 75 m 以远、有点火条件的安全地带。管线上有气体监测装置及取砂样装置。出口位置应安装防回火装置。出口应有降尘喷淋装置,防止气体钻井过程中钻屑粉尘污染周边环境。出口位置距防喷管线以外的各种设施距离≥20 m。火炬离井口的距离应不低于 75m,且位于井场的下风方向,火炬周围设置防火墙。管线固定应牢固,固定基墩间隔不超过 10m。转弯处及出口必须基墩固定。可采用填充式基墩或水泥基墩,填充式基墩质量不低于 400kg,水泥基墩质量不低于 600kg。

(3)气体注入设备。

气体注入设备包括空压机、制氮机、增压机、注入管汇等。根据钻井工程设计的排量和压力要求,结合实际大气条件确定注气设备规格。选择气体注入设备的排量与压力级别应留有余地。

(4)专用井控管汇。

在压井管汇处应配置两个压井管线接口,一个接压井车,一个通过铠装防火软管(或钢管)接至钻井泵。

3. 工艺措施

(1)设备试压、试运转。

所有气体钻井设备安装完毕,都应按气体钻井循环流程试运转。试运转时,连接部位不刺不漏,时间不低于 10min。空压机、供气管线应按空压机额定工作压力进行试压。增压机、注气管线按额定工作压力 80% 试压,稳压 10min 无刺漏。

(2)开钻验收。

气体钻井设备安装调试好,施工前应由项目建设单位组织相关单位、部门进行开钻验收,对气体钻井各项准备(压井液密度及数量、设备安装和试压、所有相关人员的应急演练等)验收合格方可开钻。

(3)气举排液。

钻完水泥塞后应充分循环,清洁井底。气举钻具不应带螺杆或空气锤。钻头上不装喷嘴。气举前应检查相关闸阀的开关状况,关闭半封闸板防喷器,打开注气闸阀,气举过程中必须派专人负责控制节流阀开度,防止造成污染和伤人。

(4)气体钻进。

气体钻进前,应控制机械钻速进行试钻,摸索各种参数的合理匹配,以确保快速安全钻进。根据井下情况及空气锤使用情况确定气量。钻进时,要求送钻均匀,并注意立管压力及井下情况,发现立压突然升高、扭矩变化、憋跳严重、上提遇卡等井下异常现象时,应立即停钻,活动钻具,循环观察,及时处理。在钻速较高时应合理控制送钻速度,防止携砂不良造成卡钻。应对储备钻井液性能进行维护,随时做好替换钻井液的准备。

(5)接单根。

接单根前应充分循环,时间不低于迟到时间的 1.5 倍,顶驱接立柱循环时间应适当增长。在卸开方钻杆之前,必须对钻具内的压缩空气泄压,根据泄压时间长短决定是否在井口钻杆上加装下旋塞和止回阀(注意:起钻或测斜时应将上部钻具旋塞和止回阀取出)。接单根后应将钻杆接头上的毛刺锉平,并向旋转控制头胶心加注适量润滑液。

（6）起下钻。

由于气体不能悬浮岩屑，起钻前必须进行充分的循环，将井下钻屑带到地面。循环时间长短取决于井下情况，观察排砂管线出口，确认钻屑含量明显降低了，才能开始起钻作业。起钻前，按接单根的要求卸掉钻具及排进管线内的压缩气体。起钻过程中必须将钻柱中的旋塞和止回阀卸下，检查合格后才能再次入井使用。如果地层没有出气，按照常规起下钻方式起下钻作业。如果地层出气，请示下步钻井方式。

（7）测斜要求。

表层空气钻井，牙轮钻头每钻进 100 ~ 150m 测斜一次，空气锤钻进可适当放宽测斜间距。实钻中，要根据实测数据结合井眼轨迹控制要求合理调整测斜间距、钻具组合和钻井参数。

（8）气液转换注意事项。

地层出液无法继续实施气体钻井作业时，在保持环空畅通的前提下上提钻具 1 ~ 2 柱，然后替浆。为了保证气体钻井与常规钻井的顺利转换，钻井液的中压失水量小于 3mL，并且使防塌处理剂 FRH 的加量达到 3%，这样，钻井液不但有很好的失水造壁性，更应具有良好的防塌能力。入井的钻井液黏度前两个循环周内必须控制在 50s 以上，保持钻井液具有良好的携砂性能。当井壁失稳无法继续实施气体钻井作业时，应起钻后下光钻杆替浆，并保持钻具活动。当地层产气量或有毒气体含量达到终止条件时，应关井求压，再实施压井作业。

（二）应用效果

相国寺构造上部地层恶性井漏、井塌严重，严重制约了储气库的钻井速度，通过采用气体钻井极大提高了机械钻速，且井漏问题得以解决。下部石炭系地层，井漏问题不突出，根据 XC7 井实钻情况，采用低密度钻井液钻进，未发生井漏，因此，后续井均采用钻井液钻进，未实施气体钻井。

1. 钻井提速方面

气体钻井较常规钻井机械钻速更高。须家河—飞仙关组 $\phi444.5$mm 井眼采用空气钻井，排量 200 ~ 300m³/min，$\phi311.2$mm 井眼采用氮气钻井，排量 180 ~ 210m³/min，累计进尺 4657m，累计纯钻时 656h，平均机械钻速 7.10m/h。采用常规钻井的三口井，累计进尺 5791m，累计纯钻时 2139h，平均机械钻速仅 2.71m/h。气体钻井机械钻速较常规钻井的提高 2.62 倍，见表 3 - 10。

表 3 - 10 气体钻井提速情况

方式	钻头（mm）	井号	进尺（m）	纯钻时（h）	机械钻速（m/h）	平均机械钻速（m/h）	
气体钻井	444.5	XC7	387	75.75	5.11	5.14	7.11
		XC4	531	83.01	6.4		
		XJ4	249.68	68.4	3.65		
	311.2	XC7	1282	198.6	6.46	8.15	
		XC4	1089	116.33	9.36		
		XJ4	1128.98	114.33	9.87		

方式	钻头 （mm）	井号	进尺 （m）	纯钻时 （h）	机械钻速 （m/h）	平均机械钻速 （m/h）	
钻井液 钻井	444.5	XC2	716	367	1.95	1.95	2.71
		XC11	717	352.83	2.03	1.95	
		XC22	716	382.33	1.87		
	313.2	XC2	1129	279.22	4.04	3.51	
		XC11	1174	344.5	3.41		
		XC22	1339	412.7	3.24		

2. 钻井防漏方面

采用气体钻井后,防漏效果明显。以 XC8 井为例,二开 ϕ660.4mm 井眼原采用钻井液钻进,井漏严重,处理时间长,采用气体钻井后,避免了井漏,缩短了钻井周期,见表 3 – 11。

表 3 – 11 XC8 井气体钻井防漏情况

井号	钻头（mm）	井段（m）	工艺	漏失量（m³）	周期（d）
XC8 井	660.4	54 ~ 337	钻井液	3996	29.5
		337 ~ 502	空气/雾化	无	6.2(含安装)

二、PDC + 螺杆复合钻进

相国寺储气库嘉陵江—梁山组地层主要采用聚磺钻井液钻进,使用三牙轮钻头和 PDC 钻头。由于二叠系长兴组硅质灰岩、龙潭组致密铝土质泥岩,岩石可钻性差,先导试验井选择三牙轮钻头 HJT537GK 钻进,存在机械钻速低、平均单只钻头进尺少,频繁起下钻更换钻头造成周期长等问题,为提速提效,探索采用"PDC + 螺杆"复合钻进,机械钻速得到了提高。

(一)工艺技术

PDC 钻头是通过剪切作用破碎岩石,通常岩石抗剪切强度远低于岩石的抗压强度,PDC 钻头正是利用岩石的这一特征实现其高速钻进。相对于牙轮钻头,PDC 钻头切削齿为聚晶金刚石复合片,具有更高的硬度和耐磨性,但是存在抗冲击载荷强度较小,热稳定性差的缺点。在高钻压下,PDC 齿吃入岩层深,钻进时扭矩大,钻柱整跳、震动严重,易造成 PDC 崩齿、断刀翼等问题。在低排量条件下钻进时,钻头得不到及时的冷却,PDC 齿易发生热龟裂,同时携砂效果差,存在二次破岩,降低破岩效率,钻头本体也易发生磨损,钻头寿命缩短。因此,PDC 钻头采用低钻压、高钻速配合合理的排量和优质钻井液来达到高效破岩的目的。钻头转速的提高可通过在钻具组合中加装螺杆,配合转盘实现转速的复合。此外,在采用弯螺杆钻进时还可进行定向钻进,避免因更换钻具组合起下钻而增加钻井周期。因此,"PDC + 螺杆"在水基或油基钻井液条件下,是钻井提速的合理选择。

相国寺储气库 ϕ215.9mm 井眼主要采用的胎体钻头、5 ~ 6 刀翼、双排布齿,齿径 13mm 的 PDC 钻头,ϕ311.2mm 井眼同采用胎体钻头、5 ~ 7 刀翼、齿径 16mm 齿的 PDC 钻头,配合长寿命螺杆实现机械钻速的提高。钻井参数见表3-12。

表3-12 PDC+螺杆钻井参数设计

钻头尺寸（mm）	层位	钻头类型	钻井液性能		钻进参数			
			密度（g/cm³）	塑性黏度（mPa·s）	钻压（kN）	转速（r/min）	排量（L/s）	立管压力（MPa）
311.2	嘉陵江—石炭系顶	PDC	1.10~1.20	8~20	80~120	螺杆+30	40~50	18~20
215.9		PDC	1.37~1.45	12~30	60~100	螺杆+40	26~29	18~20

（二）应用效果

相国寺储气库采用的PDC钻头+螺杆钻井提速。在构造南端，φ311.2mm钻头平均机械钻速6.01m/h，为邻井常规钻井机械钻速的1.85倍；φ215.9mm钻头平均机械钻速2.56m/h，为邻井常规钻井机械钻速的2.75倍（表3-13）。

表3-13 构造南端井平均机械钻速对比

钻头尺寸（mm）	常规钻井平均机械钻速（m/h）	PDC+螺杆钻井平均机械钻速（m/h）
311.2	3.24	6.01
215.9	0.93	2.56

在构造北端，φ311.2mm钻头平均机械钻速3.75m/h，为邻井常规钻井机械钻的3.26倍；φ215.9mm钻头平均机械钻速3.65m/h，为邻井常规钻井机械钻速的2.8倍（表3-14）。

表3-14 构造北端井平均机械钻速对比

钻头尺寸（mm）	常规钻井平均机械钻速（m/h）	PDC+螺杆钻井平均机械钻速（m/h）
311.2	1.15	3.75
215.9	1.30	3.65

三、取心钻井

（一）工艺技术

相国寺储气库库区内地下地质情况异常复杂。梁山组地层岩性以页岩、粉砂岩、铝土质泥灰岩及煤为主，实钻中容易造成垮塌卡钻、压差卡钻等事故复杂。石炭系地层压力系数低，实钻中易发生井漏、压差卡钻等风险。新钻井多设计为大斜度井，且取心井段位于大井斜段，井斜一般46°~66°，取心过程中一旦发生事故复杂，处理难度极大，如处理不成功，还会影响到盖层的完整性。

针对梁山组取心技术难点，主要采取短筒取心、简化钻具结构、优化钻井液防塌性能、及时扩眼、强化取心作业中事故复杂预防等安全技术措施。

取心钻头：梁山组采用CQP768钻头（图3-10）；石炭系主要采用CQT508钻头（图3-11）。

图 3 – 10　取心钻头(CQT508)　　　　　图 3 – 11　取心钻头(CQP768)

取心筒:结合工程及地质要求,采取了定向取心工具。钻具组合及参数,见表 3 – 15。

表 3 – 15　取心钻具组合及参数

序号	层段	钻具组合	钻进参数		
			钻压 (kN)	转速 (r/min)	排量 (L/s)
1	梁山组	214.4mm × CQP768 +SPQ 定向取心工具 +配合接头 1 只 + 165.1mm 止回阀 1 只 +165.1mm 无磁钻铤 1 根 +165.1mm 钻铤 2 根 +旁通阀 +165.1mm 钻铤 15 根 +165.1mm 随钻震 击器 +165.1mm 钻铤 3 根 +127.0mm 钻杆	60 ~ 80	50 ~ 60	16 ~ 22
2	石炭系	150.9mm × CQT508 +SPQ 定向取心工具 +配合接头 + 120.7mm 止回阀 1 只 +120.7mm 无磁钻铤 1 根 +120.7mm 钻铤 2 根 +旁通阀 +120.7mm 钻铤 15 根 +随钻震击器 + 120.7mm 钻铤 3 根 +88.9mm 钻杆	30 ~ 40	50 ~ 60	10 ~ 16

(二)应用效果

以 XC15 井、XC10 井为例,在梁山组、石炭系取心时均采用短筒定向取心工具,单次进尺少,杜绝了取心过程中卡心、磨心等故障,获得了较高的岩心收获率,见表 3 – 16。

表 3 – 16　XC15 和 XC10 井取心情况

层位	井号	井段 (m)	进尺 (m)	心长 (m)	收获率 (%)	平均收获率 (%)
梁山组	XC10	2487.00 ~ 2488.40	1.40	1.40	100.00	97.67
		2488.40 ~ 2491.80	3.40	3.32	97.65	
		2491.80 ~ 2496.00	4.20	4.07	96.90	
	XC15	2716.00 ~ 2720.00	4.00	4.00	100.00	100.00

续表

层位	井号	井段 （m）	进尺 （m）	心长 （m）	收获率 （%）	平均收获率 （%）
石炭系	XC10	2508.50～2513.00	4.50	4.50	100.00	100.00
		2513.00～2516.50	3.50	3.50	100.00	100.00
	XC15	2770.00～2775.00	5.00	5.00	100.00	100.00

第五节 钻井液工艺技术

一、设计特点

利用枯竭油气藏建设地下储气库,在新钻注采井时,保护好储气层非常关键。因为储气层压力严重亏损,必须尽可能减少钻井液滤液进入储气层和防止井漏的发生,同时尽量减少固相颗粒堵塞吼道,提高渗透率恢复值,保证注采井能够达到设计注采能力。因此,利用枯竭油气藏建设储气库新钻注采井时,钻井液除具有常规钻井一般作用外,还应具有以下作用:

（1）钻井液的密度、抑制性、滤失造壁性和封堵能力等能够满足所钻地层要求,保证井壁稳定;

（2）控制地层流体压力,保证正常钻井;

（3）钻井液体系保持一个合理的级配,减少钻井液固相对储层的伤害;

（4）钻井液液相与地层配伍性好;

（5）钻井液体系对黏土水化作用有着较强的抑制能力;

（6）为保证有效的清洗能力,携带岩屑,钻井液必须具有相应的流变特性;

（7）改善造壁性能,提高滤饼质量,稳定井壁,防止井塌、井漏等井下复杂情况。

根据所钻地层压力、岩石组成特性及地层流体情况等条件不同,所选择的钻井液体系也不同,所选钻井液体系必须具有保证安全钻井施工的功能,又能满足保护储气层的要求。

相国寺储气库钻井液主要围绕以下因素进行优化设计:

（1）钻井液的密度可根据井下情况和钻井工艺要求进行调整;

（2）钻井液体系的抑制性、造壁性、封堵能力满足所钻地层要求;

（3）钻井液体系与地层水的配伍性对地层中敏感性矿物的抑制能力满足所钻地层要求;

（4）与储气层中液相的配伍性,钻井液体系不与地层水发生沉淀,不与油气发生乳化;

（5）钻井液体系与储气层敏感性的配伍性;

（6）按照储气层孔喉结构的特点,控制钻井液中固相的含量及其级配,减少钻井液固相粒子对储气层的伤害;

（7）注意防止钻井液对钻具、套管的腐蚀;

（8）对环境无污染或污染可以消除;

（9）成本低,应用工艺简单。

二、技术方案

(一)基础条件分析

根据相国寺储气库气藏工程论证,结合构造已钻井实钻情况,石炭系、茅口组和长兴组储层由于长期开采,目前压力系数极低,均小于静水柱压力,非储层段压力系数主要是根据邻井实钻钻井液密度进行预测。

须家河组:预测压力系数为1.0,主要复杂表现为井漏和垮塌。

嘉陵江组:预测压力系数为1.0,已钻井实钻反映出井漏较为严重,以对付井漏为主。

飞仙关组:预测压力系数为1.1,飞仙关组作为区域产层,在相国寺构造同样表现为气显示,且本构造飞仙关组气藏未进行开发,因此实钻中应注意防井涌、溢流、井喷。

长兴组:不同区域开发程度不一,预测压力系数南部为0.6,中部和北部为1.1,中部×18井区的×5井在该层位原始地层压力系数达1.8,加上该储层采出程度相对较低,储层不均质,所以该层位以防漏防喷为主。

茅口组:原始地层压力系数最高达1.50以上,已开发多年,地层孔隙压力大幅下降,目前实测压力系数为0.2~0.3,但不排除距开采井较远区域仍保持较高压力的可能,所以实钻中应谨防钻遇高压,以防漏防喷为主。

石炭系:作为主力产层,相国寺石炭系经过多年开发,目前压力极低,预计压力系数仅为0.1,实钻中应做好应对井漏和储层保护的准备。

同时,相国寺构造在嘉陵江组、飞仙关组、长兴组、茅口组等地层都含有硫化氢,在钻进过程中,井场应储备足够的较高密度钻井液和加重材料,且必须严格做好防硫防毒工作,确保安全生产。

(二)体系方案

相国寺储气库表层钻进采用聚合物无固相钻井液体系,若钻遇严重井漏,可采用气体钻井方式钻进。雷口坡—嘉陵江组层段,为了避免无固相浸泡石膏后,出现溶蚀形成大肚子井段,采用聚磺钻井液体系。飞仙关组—石炭系顶采用聚磺钻井液体系。石炭系目的层由于开采多年,压力系数极低,且储层物性很好,如采用常规钻井液钻井,可能造成严重井漏,极大地伤害储层,因此,石炭系储层设计采用氮气钻井或优质低密度钻井液钻井,以防止石炭系储层钻进井漏,有效保护储层。参见表3-17。

表3-17 钻井液密度、体系设计表

层位	孔隙压力系数	密度附加值(g/cm³)	钻井液密度(g/cm³)	钻井液体系
须家河—嘉陵江组	1.00		1.02~1.05	聚合物无固相或气体
嘉陵江组—飞仙关组顶	1.00		1.04~1.08	聚磺钻井液
飞仙关组	1.00	0.07~0.15	1.07~1.15	聚磺钻井液
长兴组	0.6		1.05~1.10	聚磺钻井液
	1.10	0.07~0.15	1.17~1.25	

续表

层位	孔隙压力系数	密度附加值（g/cm³）	钻井液密度（g/cm³）	钻井液体系
龙潭组	1.00	0.07～0.15	1.07～1.15	聚磺钻井液
			1.17～1.25	
茅口组	0.2～0.3		1.07～1.15	聚磺钻井液
			1.17～1.25	
栖霞组—石炭系顶	1.20	0.07～0.15	1.27～1.35	聚磺钻井液
石炭系—志留系	0.10		氮气钻进/优质低密度钻井液	

（三）技术措施

在煤矿坑道附近或井漏特别严重时,表层可考虑采用气体钻井技术钻进;×5 井长兴组储层原始压力系数最高达 1.8,而其他井在长兴组的原始地层压力为 1.3 左右,说明该储层具有非均质性,且开采程度相对较低,因此钻井现场应加强地层压力和硫化氢有毒气体监测工作,按长兴组压力系数 1.8 储备好加重钻井液和足够的加重材料及相应的处理剂,并做好现场施工井控预案。由于石炭系储层压力系数极低(仅为 0.1),钻井过程中极易井漏,因此在进入石炭系之前应加强岩性分析,做好卡层工作,做到 215.9mm 井段不揭开石炭系储层,石炭系储层硫化氢含量低于 $20mg/m^3$ (低于安全临界值 $75mg/m^3$),满足采用氮气钻井安全要求,但钻进过程中应加强硫化氢监测,如混合气体中硫化氢含量超过安全临界值,则应及时转换为钻井液钻进,确保安全钻井,同时做好防漏堵漏措施,在钻井液中加入无渗透剂,或采用凝胶(先注入) + 水泥(后注入)堵漏,防止石炭系储层严重污染。

三、应用效果

相国寺储气库新钻注采井 7 个丛式井组,共 13 口井,其中水平井 2 口,定向井 11 口。总体情况来看,设计使用的钻井液体系具有机械钻速快,有利于工程施工和井下安全,有利于保护储气层,有利于电测及提高井眼质量特点应用效果良好。

（一）上部井段

一开采用高黏聚合物钻井液。配方:6%～8% 膨润土浆 + 0.15%～0.3% CMC – HV。性能:密度 1.05～1.10g/cm³、漏斗黏度 50～80s。

北部二开、三开注采井采用气体钻井,南部注采井采用聚合物或聚磺钻井液。

南部注采井二开采用聚合物钻井液体系,能够满足该井段的定向钻井作业,钻遇井漏立即堵漏。钻井液配方:3%～4% 膨润土浆 + 0.08%～0.15% FA367 + 0.08%～0.15% KPAM + 1.2～2% LS－2 + 3%～4% FRH + 1%～2% FK－10 + 0.3%～0.5% CaO + 加重剂。性能:密度 1.05～1.15g/cm³、漏斗黏度 40～55s、中压滤失量≤5mL、摩阻系数≤0.13。

南部注采井三开采用聚磺钻井液体系,体系抑制强,润滑性好,失水量小,抗岩膏盐污染能力强,能满足该井段的钻进要求。钻井液配方:3%～4% 膨润土浆 + 0.1%～0.3% NaOH + 0.1～0.15% 聚合物包被剂 + 0.5～1% 聚合物降滤失剂 + 3%～5% 降滤失剂A + 3%～5% 降滤失剂B + 3%～5% 防塌剂 + 3%～4% 润滑剂 + 3%～4% 乳化剂 + 0.5%～1% 除硫剂 + 加重剂。

性能:密度 1.05~1.15g/cm³、漏斗黏度 40~55s、中压滤失量≤4mL、摩阻系数≤0.13。

南部四开也采用聚磺钻井液体系,体系抑制强,润滑性好,携砂能力强,与地层的配伍性好,在川渝地区早已普遍使用。钻进液配方:3%~4%膨润土浆+0.1%~0.3%NaOH+0.1%~0.15%聚合物包被剂+0.5%~1%聚合物降滤失剂+3%~5%降滤失剂A+3%~5%降滤失剂B+3%~5%防塌剂+3%~4%润滑剂+0.2~0.5%乳化剂+0.5~1%除硫剂+加重剂。性能:密度 1.37~1.45g/cm³、漏斗黏度 40~60s、中压滤失量≤5mL、摩阻系数≤0.10。

(二)储层段

1. 钻井液配方

2%~3%膨润土浆+0.1%~0.3%NaOH+0.15~0.3%聚合物抑制包被剂A+0.15%~0.3%聚合物抑制包被剂B+0.5%~1%聚合物降滤失剂+2%~4%降滤失剂A+2%~4%降滤失剂B+2%~3%防塌剂+3%~4%润滑剂+0.5%~1%除硫剂+3%~4%油气层保护剂。

2. 常规性能

钻井液热滚前后具有较好的流变性能、润滑性能,较低的中压滤失量和高温高压滤失量,能够满足钻井工程的需要(表3-18)。

表3-18 聚磺保护储层钻井液配方性能

实验条件	密度 (g/cm³)	塑性黏度 (mPa·s)	屈服强度 (Pa)	切力(Pa)		pH值	API失水量/滤饼厚度 (mL/mm)	高温高压失水量/滤饼厚度 (mL/mm)	滞饼黏度系数
				10s 初切力	10min 终切力				
热滚前	1.06	20.0	3.0	1.0	4.0	10.0	2.8/0.5	7.8/2.0	0.0422
90℃×16h 热滚后	1.06	18.0	2.0	0.5	3.0	10.0	3.0/0.5	8.2/2.0	0.0422

3. 抑制性能

(1)回收率。

用6~10目的经烘干的泥岩岩屑50g加入350mL钻井液,在80℃滚动16h后,将岩屑倒入40目筛,并用水冲洗1min,将筛余物烘干至恒重,称量后计算出岩屑回收率。实验结果见表3-19。

表3-19 聚磺保护储层钻井液配方回收率

序号	配方	回收率(%)
1	350mL 清水	23.3
2	优选钻井液+50g 岩屑	85.3

结果表明:该钻井液滚动回收率达到85.3%,具有较好的抑制性能。

(2)抑制黏土分散性能。

通过在优选钻井液配方中加入3%的岩屑粉,经过90℃滚动16h后钻井液的流变性能变化情况来评价优选钻井液抑制黏土分散的能力,实验结果见表 3 – 20。

表 3 – 20　聚磺保护储层钻井液配方抑制膨润土分散性能

配方	表现黏度 (mPa·s)	塑性黏度 (mPa·s)	屈服强度 (Pa)	切力(Pa)		API 失水量/ 滤饼厚度 (mL/mm)	pH 值
				10s 初切力	10min 终切力		
优选钻井液	20.0	18.0	2.0	0.5	3.0	3.0/0.5	10
优选钻井液 +3% 的岩屑粉	21.0	17.0	3.0	1.0	4.0	2.6/0.5	9.5

上述评价实验结果表明,3% 的岩屑粉加入钻井液经过 90℃ 滚动 16h 后钻井液的流变性能与不加岩屑粉相比,黏度和切力增加幅度较小,说明钻井液具有较好的抑制黏土分散的能力,预防水敏对储层的损害。

第六节　固井工艺技术

一、设计特点

储气库注采井必须有较强的安全可靠性和尽可能长的使用寿命,因此储气库注采井的固井工艺技术应满足以下要求。

(1)为了满足长期交变应力条件下对生产套管强度的要求,应根据储气库运行压力,按不同工况,采用等安全系数法进行设计和三轴应力校核。生产套管材质应结合油气藏流体性质和外来气质进行选择。

(2)生产套管及上一层技术套管应选用气密封螺纹,套管附件机械参数、螺纹密封等性能应与套管相匹配。为保证气密封螺纹的气密性能,下套管作业应由专业队伍采用专用工具完成,并结合气密性检测(氦气检测)确定合理的上扣参数,螺纹密封检测压力应大于储气库井口运行上限压力的 1.1 倍且小于套管抗内压强度的 80%。

(3)技术套管若作为生产套管时,应根据储层井段长度、钻井时间,分析套管可能磨损情况,若存在套管磨损,应采取防磨措施,相应井段套管壁厚适当增加,完井后应做套管磨损分析,评价套管可靠性。

(4)原则上,生产套管固井不采用分级箍,若钻井液密度远低于固井水泥浆密度或固井井段较长,为保证水泥返高和保证固井质量,应采用先尾管悬挂再回接方式固井。技术套管与生产套管固井推荐使用套管管外封隔器,增加防气窜能力。

(5)技术套管与生产套管采用韧性水泥浆体系,生产套管尾管固井可采用弹性水泥浆体系,即主要力学特征表现为杨氏模量较低、泊松比较高。

(6)下套管前应做地层承压试验,确保地层承压能力满足固井施工要求,达不到承压条件,不进行固井施工。

(7)逐根套管安装刚性与半刚性扶正器,保证套管居中度大于 67%,各层套管固井水泥浆均应返至地面,现场施工水泥浆性能指标与设计吻合。生产套管固井应采用批混批注方式施工,入井水泥浆密度差小于 $0.02g/cm^3$。

（8）采用预应力固井设计施工，尾管固井时采用套管内顶替清水和憋回压方式实现预应力固井，回接固井井筒替为清水后固井施工和憋回压实现预应力固井。

（9）固井质量测井应选择性能稳定、成熟适用的测井系列，至少应进行变密度测井，生产套管推荐采用超声波成像测井（IBC@ AUI）对水泥环的密封性进行评价。测井资料按照相应技术规范进行处理，处理结果包括第一、二界面胶结程度和水泥充填率、密封性等内容，并对水泥环封固质量及层间封隔能力等进行综合评价。生产套管固井段良好以上胶结段长度不小于70%，储气层顶部盖层段应有不小于25m 的连续优质水泥段。

（10）生产套管应采用清水介质进行试压，试压至储气库最高地层压力1.1 倍，30min 压降不大于0.5MPa 为合格，因此设计套管抗内压强度的80% 应高于储气库最高地层压力1.1 倍试压值。

（11）套管头应根据最高注采压力、注采流体性质进行压力级别和材质选择，应采用金属与金属密封。四通宜采用钻井—注采一体化四通降低拆换井口风险。

二、浆体性能要求

（一）水泥浆

1. 密度

由于地层承压能力不同，对水泥浆密度有较大的要求。净水泥浆密度范围受到最大和最小用水量的限制，但在实际注水泥作业时一般不采用净水泥浆，大多数使用经外加剂处理的水泥浆。与正常水灰比条件下的密度对比（正常密度为 1.78 ~ 1.98g/cm³），低于正常密度的称低密度水泥浆，高于正常密度的称高密度水泥浆。通常获得较低密度水泥浆的两种方法：一是采用膨润土或化学硅酸盐型填充剂和过量水；二是采用低密度外加剂材料如火山灰、玻璃微珠等。一般不推荐采用低密度水泥浆固井，最好采用加入必要的韧性剂后保持原始密度。

超低密度水泥浆的主要代表类型为泡沫水泥及微珠水泥。泡沫水泥浆密度范围为 0.84 ~ 1.32g/cm³。微珠水泥浆密度范围为 1.08 ~ 1.44g/cm³。获得高密度水泥浆更多的方法是掺入加重剂，加砂可获得的最高密度为 2.16g/cm³，加重晶石可获得的最高密度为 2.28g/cm³，加赤铁矿可获得的最高密度为 2.4g/cm³。

2. 水泥浆失重

原浆（净水泥）在渗透层受压时，促使水泥浆失水，致使水泥浆增稠或"骤凝"造成憋泵。在 6.9MPa 压差、时间 30min 条件下的失水量控制范围为：套管注水泥推荐失水量控制在 100 ~ 200mL/min；尾管注水泥推荐失水量控制在 50 ~ 150mL/min。30 ~ 50mL/min 是储气层最佳失水控制量。储气库生产套管或生产尾管固井水泥浆失水量不大于50mL，游离液应控制为 0mL，沉降稳定性试验的密度差应小于 0.02g/cm³。

3. 水泥浆流变性

除了套管居中度、顶替排量、胶凝强度和密度差外，流态是实现水泥浆对环空钻井液有效顶替的一个重要因素。当排量一定时，水泥浆流体的流动剖面取决于流动状态，而流动状态取决于流变参数。因此，在给定条件下，如何合理地调整流变参数，获得最佳顶替效率，是非常关键的。各种处理剂对流变参数的影响是多方面的,木质素磺酸盐缓凝剂有降黏的作用,纤维素衍生物有增黏的作用,分散剂可以减少化学成分影响的表观黏度、分散剂能降低宾汉流体的屈服强度。同时,流体的塑性黏度取决于固相含量,化学处理剂则不影响塑性黏度值。

(二)水泥石

1. 候凝时间

一般情况下,表层套管水泥候凝时间是 12h(个别取 18~24h),储气库注采井固井一般采取了增加候凝时间来进一步保证固井质量,技术套管生产套管均要求的水泥候凝 48h。水泥候凝时间还根据现场取样凝固情况和室内养护强度时间、允许测声幅时间最终确定,当获得的声幅曲线合理时,就可进行后续施工。

2. 抗压强度

水泥石的抗压强度应满足支承套管轴向载荷,承受钻进与射孔的震击等。常规密度水泥石 24~48h 抗压强度不小于 14MPa,7 天抗压强度应大于储气库井口运行上限压力的 1.1 倍,但原则上不小于 30MPa。低密度水泥石 24~48h 抗压强度不小于 12MPa,7 天抗压强度原则上不小于 25MPa。

3. 高温条件下水泥石的强度衰退

在正常条件下,水泥在井下凝固,继续水化时强度增加,但当井温超过 110℃后,经过一定时间后其强度值会下降。温度越高其强度衰退速度也越快,110~120℃时衰退缓慢,230℃时一个月内造成强度破坏,310℃时在几天内就造成强度破坏。加入硅粉、石英砂等热稳定剂可控制强度衰退,加量在 25%~30% 范围内效果较好,加量在 5%~10% 时比不加情况更糟。相国寺储气库注采井井底温度未超过 110℃,可能不考虑其影响。

三、固井方案

(一)套管选择及强度校核

首先应按行业标准 SY/T 5724—2008《套管柱结构与强度设计方法》对套管强度进行设计,其次应充分考虑定向井、水平井的弯曲应力。储气库注采井生产寿命比较长且受交变应力和磨损的影响,可适当提高强度系数,以确保储气库井筒长期交变应力作用下的安全(表 3-21、表 3-22)。

表 3-21 库区内井场套管强度校核

套管程序	垂深(m)	规范		钢级	壁厚(mm)	抗外挤		抗内压		抗拉	
		尺寸(mm)	扣型			额定强度(MPa)	安全系数	额定强度(MPa)	安全系数	额定强度(kN)	安全系数
表层套管	0~498	339.7	偏梯螺纹	J-55	10.92	10.6	2.08	21.3	—	4559	10.01

套管程序	垂深（m）	规范		钢级	壁厚（mm）	抗外挤		抗内压		抗拉	
		尺寸（mm）	扣型			额定强度（MPa）	安全系数	额定强度（MPa）	安全系数	额定强度（kN）	安全系数
技术套管	0～1668	244.5	气密封螺纹	95S	11.99	35.1	3.05	51.7	1.85	4626	2.48
油层套管	0～200	206.4	气密封螺纹	95S	16.00	93	—	71	2.21	3452	3.02
	200～1568	177.8	气密封螺纹	95S	11.51	67.15	3.17	65.64	2.08	3480	3.50
油层悬挂	1568～2361	177.8	气密封螺纹	95S	11.51	67.15	2.09	65.64	4.37	3480	9.37
悬挂	2311～2361	127	长圆螺纹	80S	9.19	72.33	2.58	69.91	—	1710	—
	2361～2400	127	防砂筛管								

表 3－22　库区外围井场套管强度校核

套管程序	垂深（m）	规范		钢级	壁厚（mm）	抗外挤		抗内压		抗拉	
		尺寸（mm）	扣型			额定强度（MPa）	安全系数	额定强度（MPa）	安全系数	额定强度（kN）	安全系数
表层套管	0～848	339.7	偏梯螺纹	J－55	10.92	10.6	1.32	21.3	—	4559	2.49
技术套管	0～1658	244.5	气密封螺纹	95S	11.99	35.1	3.17	51.7	1.85	4626	2.51
油层回接	0～200	206.4	气密封螺纹	95S	16.00	93	—	71	2.21	3452	3.04
	200～1558	177.8	气密封螺纹	95S	11.51	67.15	3.19	65.64	2.08	3480	3.52
油层悬挂	1558～2076	177.8	气密封螺纹	95S	11.51	67.15	2.39	65.64	4.39	3480	14.3
尾管悬挂	2026～2076	127	长圆螺纹	80S	9.19	72.33	2.69	69.91	—	1710	—
	2076～2100	127	防砂筛管								

注：① 嘉陵江组、飞仙关组、长兴组和茅口组等地层都含有硫化氢，技术套管和油层套管都应选择抗硫套管，设计选用气密封螺纹套管。

② 尾管储层段选择使用防砂筛管，防止井壁垮塌和出砂封堵井眼。

③ 气密封扣套管入井前必须做气密封检测，不合格者不得入井。

（二）固井方式及套管串结构

固井方式及套管串结构见表 3－23。

表 3 – 23　固井方式及套管串结构

套管尺寸（mm）	固井方式	水泥浆返高	套管串结构	备注
339.7	内插管固井	地面	339.7mm 引鞋 + 339.7mm 套管 + 插座 + 339.7mm 套管	做好正反注水泥浆准备
244.5	常规固井（双胶塞）	地面	244.5mm 引鞋（浮鞋）+ 244.5mm 套管 + 244.5mm 浮箍 + 244.5mm 套管外封隔器 + 244.5mm 套管	钻井时若发生井漏则必须是堵漏，提高地层承压能力，并做好反注水泥准备，确保该层套管固井质量
177.8	悬挂固井	悬挂器	177.8mm 引鞋（浮鞋）+ 177.8mm 套管 + 177.8mm 浮箍 + 177.8mm 套管 + 坐落接箍 + 177.8mm 套管外封隔器 + 177.8mm 套管 + 177.8mm 尾管尾挂器（回接筒）+ 送入钻具	钻井时若发生井漏则必须是堵漏，提高地层承压能力，管外封隔器尽可能安放套管柱下端，阻隔石炭系储层与上部储层连通。预应力固井
206.4 + 177.8	回接固井	地面	177.8mm 回接插头 + 177.8 mm 套管 + 177.8mm 节流浮箍 + 177.8mm 套管 + 177.8 mm × 206.4mm 套管转换接头 + 206.4mm 套管	井筒替为清水后预应力固井
127	筛管悬挂		127mm 引鞋 + 127mm 筛管 + 127mm 套管 + 坐落接箍 + 127mm 套管 + 127mm 尾管悬挂器 + 送入钻杆	下筛管之前，应加强井底携砂处理和模拟通井，保证井底干净，不滞留岩屑

（三）水泥浆体系配方

油层套管固井在套管鞋以上 200m 左右井段采用 $1.90g/cm^3$ 快干水泥浆，上部井段采用 $1.35 \sim 1.45\ g/cm^3$ 缓凝低密度水泥浆（表 3 – 24），以防止和减少茅口组、长兴组储层的低压漏失，确保固井质量。

表 3 – 24　水泥浆体系配方

套管程序	水泥浆配方	密度特征
表层套管	常规水泥浆：考虑早强剂和井漏情况下的促凝剂、堵漏剂	常规密度（$1.90g/cm^3$）
技术套管	韧性防气窜水泥浆体系：考虑增韧剂、堵漏剂和堵承压提高受限的低密度韧性防气窜水泥浆体系	韧性水泥常规密度/低密度
油层回接	韧性防气窜水泥浆体系	韧性水泥常规密度
油层悬挂	韧性防气窜水泥浆体系：考虑增韧剂、堵漏剂和堵承压提高受限的低密度韧性防气窜水泥浆体系	韧性水泥低密度（缓凝） 韧性水泥常规密度（快干）

（四）固井质量要求

油层套管：油气层套管固井水泥胶结质量合格段长度应达到应封固井段长度的 70% 以

上,且在油气层或水层及其以上 25m 环空范围内形成具有密封性能的胶结优良的水泥环。固井质量要满足储气库长期高低压交互变化条件下的需要,储层以上至少 500m 井段有效封隔。

技术套管:固井质量合格率不小于 60%。

要求采用声波变密度测井检测固井质量,水泥胶结质量的评价应符合《固井质量评价方法》(SY/ T 6592—2004)的规定(表 3 - 25、表 3 - 26)。

表 3 - 25　常规水泥浆固井水泥环胶结质量声幅测井/变密度测井检查标准

测井结果		评价结论
声幅测井曲线	变密度测井图	
0≤声幅相对值≤15%	套管波弱至无,地层波明显	胶结质量优等
15%≤声幅相对值≤30%	套管波和地层波均中等	胶结质量中等

表 3 - 26　低密度水泥浆固井水泥环胶结质量声幅测井/变密度测井检查标准

密度 (g/cm³)	测井结果		评价结论
1.30 ~ 1.65	0≤声幅相对值≤20%	套管波弱至无,地层波明显	胶结质量优等
	20%≤声幅相对值≤40%	套管波和地层波均中等	胶结质量中等

四、应用效果

以 XC22 井为例,分析相国寺储气库固井工艺技术的应用效果。

(一)井身结构

XC22 井的井身结构数据见表 3 - 27。

表 3 - 27　XC22 井井身结构数据

序号	钻头		套管		
	规格 (mm)	钻深 (m)	外径(mm)×壁厚(mm)×钢级	下入井段 (m)	封固井段 (m)
1	660.4	0 ~ 50.0	508 × 11.13 × J55	0 ~ 50.0	0 ~ 50.0
2	444.5	50.0 ~ 769.0	339.7 × 10.92 × J55	0 ~ 767.0	0 ~ 767.0
3	311.2	769.0 ~ 2104.0	244.5 × 11.99 × TP95S	0 ~ 2103.5	0 ~ 2103.5
4	215.9	2103.5 ~ 2571.5	177.8 × 11.51 × TP95S	1904.77 ~ 2571.5	1904.77 ~ 2571.5
5	215.9	0 ~ 1904.77	206.4 × 13.06 × VM95SS	0 ~ 150.0	0 ~ 1904.77
			177.8 × 11.51 × TP95S	150.0 ~ 1904.77	

(二)主要技术措施

XC22 井的固井措施数据见表 3 - 28。

表 3 – 28 XC22 井固井主要技术措施

施工类型	主要施工技术措施
ϕ339.7mm 套管固井	内插管法注水泥；柔性自应力水泥浆
ϕ244.5mm 套管固井	动态承压试验、套管气密封性检测、管外封隔器；柔性自应力水泥浆
ϕ177.8mm 尾管固井	弹性自愈合水泥浆；管外封隔器、动态承压试验、套管气密封性检测
ϕ177.8mm + ϕ206.4mm 套管回接	弹性自愈合水泥浆；预应力固井、套管气密封检测

(三)电测固井质量

XC22 井的电测固井质量数据见表 3 – 29。

表 3 – 29 XC22 井电测固井质量

施工类型	固井声幅质量
ϕ339.7mm 套管固井	评价井段 9.0 ~ 715.0m；优良井段为 99.5%；中等井段为 0；差井段为 0.5%；全井段合格率为 99.5%；测井评价为合格。
ϕ244.5mm 套管固井	评价井段 10.0 ~ 2061.5m；优良井段为 86.1%；中等井段为 13.8%；差井段为 0.1%；全井段合格率为 99.9%；测井评价为合格。
ϕ177.8mm 尾管固井	评价井段 1900.0 ~ 2534m；优良井段为 52.8%；中等井段为 29.9%；差井段为 17.3%；全井段合格率为 82.7%；测井评价为合格。
ϕ177.8mm + ϕ206.4mm 套管回接固井	评价井段 4.5 ~ 1848.0m；优良井段为 94.4%；中等井段为 5.2%；差井段为 0.4%；全井段合格率为 99.6%；测井评价为合格。

ϕ339.7mm 表层套管在管鞋附近有 649.4m 的连续优质井段(65.6 ~ 715.0m)；ϕ244.5mm 技术套管在管鞋附近有 94.5m 的连续优质井段(1967.0 ~ 2061.5m)。

(四)固井质量分析

XC22 井前后两次固井的质量分析对比结果见表 3 – 30、图 3 – 12。

表 3 – 30 XC22 井柔性自应力水泥浆固井前后两次质量对比

施工类型	第一次固井声幅质量	第二次固井声幅质量
ϕ339.7mm 套管固井	评价井段 9.0 ~ 715.0m；优良井段为 99.5%；中等井段为 0；差井段为 0.5%；全井段合格率为 99.5%；测井评价为合格	评价井段 17.0 ~ 765.0m；优良井段为 72.1%；中等井段为 22.7%；差井段为 5.2%；全井段合格率为 94.8%；测井评价为合格
ϕ244.5mm 套管固井	评价井段 10.0 ~ 2061.5m；优良井段为 86.1%；中等井段为 13.8%；差井段为 0.1%；全井段合格率为 99.9%；测井评价为合格	评价井段 20.0 ~ 2105.0m；优良井段为 75.2%；中等井段为 24.8%；差井段为 0；全井段合格率为 100%；测井评价为合格

XC22 井 ϕ339.7mm 固井前后两次声幅测井测井相隔 60d，且中间经过一次井筒试压 17MPa，优质率和合格率分别降低了 27.4% 与 4.7%；XC22 井 ϕ244.5mm 固井前后两次声幅

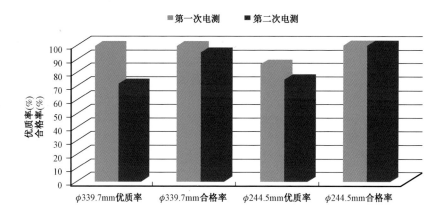

图 3 – 12　XC22 井 ϕ339.7mm、ϕ244.5mm 固井前后两次声幅测井测井结果对比

测井测井显示优质率降低了 10.9%、合格率升高了 0.1%，均能满足储气库注采井固井要求，与先导井 XC7 井 ϕ244.5mm 固井前后两次声幅测井测井结果相比，采用柔性自应力水泥浆后，水泥石的耐久性得到了很大改善，层间分隔能力更好。

第四章　相国寺储气库完井工艺技术

第一节　完井工艺设计原则

相国寺储气库注采井单井注采强度大,定向井要求单井注采气量 $100 \sim 150 \times 10^4 \mathrm{m}^3/\mathrm{d}$,水平井单井注采气量要求大于 $200 \times 10^4 \mathrm{m}^3/\mathrm{d}$,且石炭系气藏流体中含有硫化氢气体,对完井油管、井下工具和井口装置的抗冲蚀能力、力学性能和抗腐蚀性能要求极高。

(1)储气库注采井具有注气和采气的双重功能,且地质、井筒、地面协调性要求高,完井工艺既要满足气藏工程方案要求,也要与地质条件和地面条件相配套。

(2)相国寺储气库要求运行 $30 \sim 50$ 年,注采井需承受注采周期交变载荷的作用,完井应选择先进、成熟、实用的工艺技术,同时对主体工艺技术进行配套优化,简化设计和施工过程,实现最佳技术经济效益。

(3)完井管柱密封性和力学性能要求高,因此完井结构尽量简单、安全,降低密封失效的风险,同时可满足储气库后期运行期间的温度、压力监测要求。

(4)相国寺储气库位于风景名胜区,且地下存在煤矿,巷道复杂,完井工艺要充分考虑长期安全、环保的要求。

(5)相国寺储气库储气层为石炭系枯竭碳酸盐岩气藏,建库时地层压力系数仅为 0.1,完井工艺要充分考虑储层保护,尽可能降低完井期间的储层伤害,保证气井产能。

第二节　完井方式优选及设计

合理的完井方式是确保注采井注采能力的关键因素。相国寺储气库单井注采气量大,且长期反复注采,完井方式不仅要保证井筒和地层有足够的渗流面积,还应考虑井壁稳定性能和储层出砂的影响。

一、岩石力学实验

采用三轴应力实验设备对储层岩心进行测试。相国寺储气库针对石炭系储层取得 4 块标准试验岩心,开展了 4 套模拟实际地层条件下的岩石力学实验。岩石抗压强度、杨氏模量和泊松比等相关参数见表 4-1、表 4-2。从岩石力学实验结果可以看出,石炭系石灰岩具有较高的强度,抗压强度平均值为 214.287MPa,杨氏模量平均值为 5.824×10^4 MPa,泊松比平均值为 0.325。根据岩石力学实验结果计算,得到该层段岩石内聚力和内摩擦角见表 4-2。

表4-1 石炭系岩石力学实验结果

层位	深度（m）	岩样编号	密度（g/cm³）	实验结果		
				抗压强度（MPa）	杨氏模量（10⁴MPa）	泊松比
石炭系	2480.65~2537.18	ZYX-2010-216-01	2.664	203.192	4.906	0.297
		ZYX-2010-216-02	2.815	398.442	7.761	0.258
		ZYX-2010-216-03	2.721	225.382	6.742	0.352
		ZYX-2010-216-04	2.690	179.326	7.734	0.265
平均值				214.787	5.824	0.325

表4-2 石炭系岩石内聚力和内摩擦角

层位	深度（m）	实验结果	
		内聚力（MPa）	内摩擦角（°）
石炭系	2480.65~2537.18	15.27	29

二、储层出砂预测

常用的出砂预测方法有出砂指数法、斯伦贝谢比法以及声波时差法三类。

（一）出砂指数预测

出砂指数又称产砂指数，出砂指数法也称组合模量法。出砂指数定义为

$$B = K + \frac{4}{3}G$$

$$G = \frac{E}{2(1+2\mu)}$$

$$K = \frac{E}{3(1-2\mu)}$$

式中　B——出砂指数，10^4MPa；

　　　K——体积弹性模量，10^4MPa；

　　　G——剪切弹性模量，10^4MPa；

　　　E——杨氏模量，10^4MPa；

　　　μ——泊松比。

出砂指数越大，说明岩石的体积弹性模量和剪切弹性模量之和越大，故岩石的强度大，稳定性越好。大量生产实践表明：当砂岩的出砂指数 $B \geq 2 \times 10^4$MPa 时，在正常压差下生产，储层不会出砂；当 2×10^4MPa $> B \geq 1.4 \times 10^4$MPa 时，会轻微出砂，当 $B < 1.4 \times 10^4$MPa 时，就会严重出砂，就需要采取必要的措施防砂维持正常生产。

(二)斯伦贝谢比预测

斯伦贝谢比定义为

$$R = KG$$

式中 R——斯伦贝谢比,MPa^2;

K——体积弹性模量,MPa;

G——剪切弹性模量,MPa;

斯伦贝谢比值越大,地层的稳定性越好,越不容易出砂。斯伦贝谢比同出砂指数一样,均由岩石力学参数确定。大量的应用表明,与出砂指数相比,斯伦贝谢比能更好地估计岩石的强度和稳定性。斯伦贝谢比值大时,意味着体积弹性模量和剪切弹性模量均大;而出砂指数值大时,体积弹性模量和剪切弹性模量中可能只有一个较大。根据斯伦贝谢公司的现场应用表明,当 $R > 3.95 \times 10^7 MPa^2$ 时,油气井不出砂;当 $R < 3.95 \times 10^7 MPa^2$ 时,油气井出砂。

(三)声波时差预测

利用压缩声波在地层中的传播时差 Δt 可以进行出砂预测。最低临界值为 Δt_c,低于 Δt_c 就不需要防砂,高于 Δt_c 油气井在生产中就会出砂,应该采取防砂措施。不同岩石有不同的 Δt_c,其的变化范围为 $295 \sim 390 \mu s/m$。

根据上述方法,计算得到相国寺储气库注采井石炭系层段的出砂指数、斯伦贝谢比和声波时差如表 4-3 所示。可以看出,石炭系出砂指数和斯伦贝谢比均大于出砂临界值(出砂指数高于 $2 \times 10^4 MPa$,斯伦贝谢比高于 $3.95 \times 10^7 MPa^2$),而声波时差则小于出砂临界值($\Delta t < 295 \mu s/m$),也即是说,在不超过临界生产压差的条件下进行生产,相国寺储气库注采井不会出现出砂现象。

表 4-3 石炭系储层出砂预测结果

层位	出砂指数 ($10^4 MPa$)	斯伦贝谢比 ($10^7 MPa^2$)	声波时差 ($\mu s/m$)	结论
	6.147	6.336	222.3	不出砂
	8.758	13.682	195.6	不出砂
石炭系	10.23	15.02	218.9	不出砂
	8.855	13.863	252.4	不出砂
平均	8.498	12.225	222.3	不出砂

三、井壁稳定性分析

(一)井壁稳定性分析模型

井下岩石主要受三向主应力作用,即垂向地应力 σ_z,最大水平地应力 σ_H,最小水平地应力 σ_h,据此可以得到井轴直角坐标系下井筒周围的应力分别为

$$\sigma_{xx} = \sigma_H \cos^2\alpha\cos^2\beta + \sigma_h \cos^2\alpha\sin^2\beta + \sigma_z \sin^2\alpha$$

$$\sigma_{yy} = \sigma_H \sin^2\beta + \sigma_h \cos^2\beta$$

$$\sigma_{zz} = \sigma_H \sin^2\alpha\cos^2\beta + \sigma_h \sin^2\alpha\sin^2\beta + \sigma_z \cos^2\alpha$$

$$\tau_{xy} = -\sigma_H \cos\alpha\sin\beta\cos\beta + \sigma_h \cos\alpha\sin\beta\cos\beta$$

$$\tau_{xz} = \sigma_H \sin\alpha\cos\alpha\cos^2\beta + \sigma_h \sin\alpha\cos\alpha\sin^2\beta - \sigma_z \sin\alpha\cos\alpha$$

$$\tau_{yz} = -\sigma_H \sin\beta\cos\beta\sin\alpha + \sigma_h \sin\beta\cos\beta\sin\alpha$$

式中　α——井眼的倾斜角,(°);

　　　β——井眼的方位角,(°);

　　　σ_h——最小水平地应力,MPa;

　　　σ_H——最大水平地应力,MPa,;

　　　σ_z——垂向地应力,MPa;

　　　$\sigma_{xx},\sigma_{yy},\sigma_{zz}$——井轴直角坐标系主应力,MPa;

　　　$\tau_{xy},\tau_{xz},\tau_{yz}$——井轴直角坐标系剪切应力,MPa。

将上述六个地应力分量与井眼内压、井内流体渗流引起的附加应力叠加可得井周总应力分布,在柱坐标系中各应力分量可表示为

$$\sigma_r = \frac{(\sigma_{xx} + \sigma_{yy})}{2}\left(1 - \frac{R^2}{r^2}\right) + \frac{(\sigma_{xx} - \sigma_{yy})}{2}\left(1 - \frac{4R^2}{r^2} + \frac{3R^4}{r^4}\right)\cos 2\theta +$$

$$\tau_{xy}\left(1 - \frac{4R^2}{r^2} + \frac{3R^4}{r^4}\right)\sin 2\theta + \delta\left[\frac{\zeta(1 - 2v)}{2(1 - v)}\left(1 - \frac{R^2}{r^2}\right) - \phi\right](p_m - p_i) + \frac{R^2}{r^2}p_m - \zeta \times p_p$$

$$\sigma_\theta = \frac{(\sigma_{xx} + \sigma_{yy})}{2}\left(1 + \frac{R^2}{r^2}\right) - \frac{(\sigma_{xx} - \sigma_{yy})}{2}\left(1 + \frac{3R^4}{r^4}\right)\cos 2\theta -$$

$$\tau_{xy}\left(1 - \frac{4R^2}{r^2} + \frac{3R^4}{r^4}\right)\sin 2\theta + \delta\left[\frac{\zeta(1 - 2v)}{2(1 - v)}\left(1 + \frac{R^2}{r^2}\right) - \phi\right](p_m - p_i) - \frac{R^2}{r^2}p_m - \zeta \times p_p$$

$$\sigma_z = \sigma_{zz} - v\left[2(\sigma_{xx} - \sigma_{yy})\left(\frac{R}{r}\right)^2\cos 2\theta + 4\tau_{xy}\left(\frac{R}{r}\right)^2\sin 2\theta\right] +$$

$$\delta\left[\frac{\zeta(1 - 2v)}{1 - v} - \phi\right](p_m - p_i) - \zeta \times p_p$$

$$\sigma_{r\theta} = \tau_{xy}\left(1 - \frac{3R^4}{r^4} + \frac{2R^2}{r^2}\right)\cos 2\theta$$

$$\sigma_{\theta z} = \sigma_{yz}\left(1 + \frac{R^2}{r^2}\right)\cos\theta - \sigma_{xz}\left(1 + \frac{R^2}{r^2}\right)\sin\theta$$

$$\sigma_{zr} = \sigma_{xz}\left(1 - \frac{R^2}{r^2}\right)\cos\theta + \sigma_{yz}\left(1 - \frac{R^2}{r^2}\right)\sin\theta$$

式中　r——极坐标半径，mm；

　　　R——井眼半径，mm；

　　　p_m——井底流压，MPa；

　　　p_i——孔隙压力，MPa；

　　　υ——泊松比；

　　　δ——渗透性系数；

　　　ζ——有效应力系数；

　　　ϕ——孔隙度；

　　　θ——井眼圆柱体坐标中沿周向的角度，(°)；

　　　p_p——地层孔隙压力，MPa；

　　　δ_r——柱坐标系中径向主应力，MPa；

　　　δ_θ——柱坐标系中周向主应力，MPa；

　　　δ_z——柱坐标系中轴向主应力，MPa；

　　　$\delta_{r\theta}$——径向与周向主应力作用产生的剪切应力，MPa；

　　　$\delta_{z\theta}$——周向与轴向主应力作用产生的剪切应力，MPa；

　　　δ_{rz}——轴向与径向主应力作用产生的剪切应力，MPa。

　　井壁岩石的破坏包括由挤压应力产生的剪切破坏和由拉应力产生的张性破坏。由于井眼附近产生剪切应力集中，使得井壁上应力最大。因此，将井壁上的剪切应力与岩石的最大抗剪强度相比较，便可以判断井壁失稳与否。作用在井壁岩石上的最大剪切应力和有效法向应力分别为

$$\begin{cases} \tau_{max} = \dfrac{1}{2} \cdot (\sigma_1 - \sigma_3) \cdot \cos\varphi \\[2mm] \sigma_N = (\sigma_1 + \sigma_3)/2 - \dfrac{1}{2} \cdot (\sigma_1 - \sigma_3) \cdot \sin\varphi - \zeta \cdot p_i \end{cases}$$

式中　τ_{max}——最大剪切应力，MPa；

　　　σ_N——有效法向应力，MPa；

　　　ζ——有效应用系数；

　　　σ_1——最大主应力，MPa；

　　　σ_3——最小主应力，MPa；

　　　p_i——地层孔隙压力，MPa；

　　　φ——内摩擦角(°)，$\varphi = \dfrac{\pi}{2} - \text{arctg}\sqrt{\dfrac{1-x^2}{x^2}}$，$x = \dfrac{\sigma_c - \sigma_t}{\sigma_c + \sigma_t}$；

　　　σ_c——岩石单轴抗压强度，MPa；

　　　σ_t——岩石单轴抗拉强度，MPa。

　　根据直线型强度判据公式，计算相应的剪切强度

$$\tau_L = C_i + \sigma_N \cdot \text{tg}\varphi$$

式中　τ_L——剪切强度,MPa;

　　　C_i——岩石的内聚力,MPa,$C_i = \dfrac{\sqrt{\sigma_c \cdot \sigma_t}}{2}$;

　　　σ_N——有效法向应力,MPa;

　　　φ——内摩擦角,(°)。

若$\tau_{max} \geqslant \tau_L$,井眼不稳定,反之则井眼稳定。

(二)注采井井壁稳定性临界生产压差

根据石炭系测井资料,计算得到垂向地应力、最大水平地应力和最小水平地应力梯度分别为0.204MPa/10m、0.228MPa/10m、0.129MPa/10m。可以看出,相国寺石炭系地应力分布规律为$\sigma_H > \sigma_v > \sigma_h$,因此,随着井斜角的不断增加,井壁稳定性不断增强;而井眼方位从最大主应力方向变化到最小主应力方向过程中,井壁稳定性不断降低。

图4-1至图4-3是相国寺储气库注采井生产压差分别为10MPa、15MPa和20MPa时,井壁上的最大剪应力与岩石抗剪切强度的关系。可以看出,生产压差为10MPa和15MPa时,在

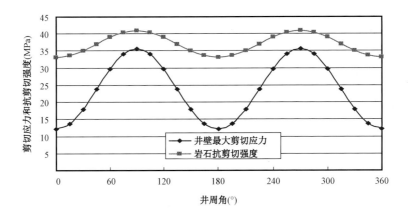

图4-1　生产压差为10MPa时井壁上最大剪切应力与岩石抗剪切强度

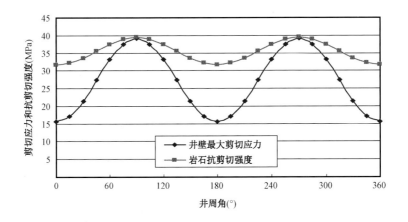

图4-2　生产压差为15MPa时井壁上最大剪切应力与岩石抗剪切强度

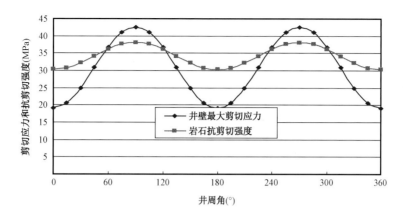

图4-3 生产压差为20MPa时井壁上最大剪切应力与岩石抗剪切强度

井周任何方位上,岩石抗剪强度始终大于井壁上的最大剪应力,即裸眼状态下保持该生产压差生产,不会出现井壁垮塌的情况;生产压差为20MPa时,井壁上的最大剪应力大于岩石抗剪强度,裸眼状态下会发生井壁不稳定的状况。通过计算,裸眼状态下,保持井壁稳定的最高生产压差为15.4MPa。

图4-4为相国寺储气库注采井临界生产压差随地层压力衰减的变化规律。可以看出,随着地层压力的不断衰减,注采井生产的临界压差不断降低。注气末地层压力为28MPa,此时临界生产压差为15.4MPa;采气末地层压力为11.7MPa时,临界生产压差仅为3.8MPa。

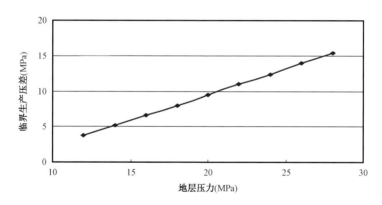

图4-4 注采井临界生产压差随地层压力衰减的变化关系

(三)井壁稳定性分析

根据相国寺地下储气库地层运行压力及注采参数,在地层压力为11.7~28MPa运行时,注采井以最大合理采气量进行生产时的生产压差见表4-4、图4-5。

表4-4 最大合理采气量生产时的生产压差数据表

	地层压力(MPa)	28	25	20	15	11.7
X18井	最大合理采气量($10^4 \text{m}^3/\text{d}$)	184.1	168.3	143.1	101.4	62.4
	生产压差(MPa)	5.07	4.90	4.75	3.58	2.08

	地层压力(MPa)	28	25	20	15	11.7
X25 井	最大合理采气量(10⁴m³/d)	160.3	143.7	113.8	69.5	40.0
	生产压差(MPa)	9.24	8.88	8.06	5.51	3.11
X16 井	最大合理采气量(10⁴m³/d)	126.1	112.7	86.4	58.7	38.3
	生产压差(MPa)	14.56	13.11	9.36	5.51	2.88

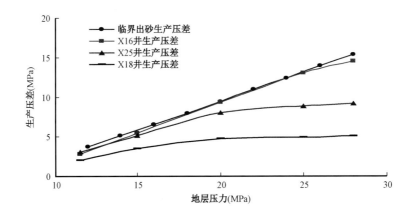

图 4 - 5　最大合理产量时的生产压差与地层压力关系曲线图

由图 4 - 5 可知,X25、X18 是地层渗透性较好的井区,注采井在最大合理产量生产时的生产压差均小于临界出砂生产压差,此时井壁稳定;渗透性较差的 X16 井区的注采井以最大合理产量进行生产时,其生产压差与临界出砂生产压差非常接近,可能会出现生产压差大于临界生产压差的情况,存在井壁不稳的风险。

在储气库应急调峰时,可能突然增大天然气产量,引起井下压力大范围波动,出现生产压差大于临界出砂生产压差,造成井壁不稳定,出现垮塌的风险。

四、完井方式优选

由于石炭系储集层孔、洞、缝都十分发育,渗透性能很好,裂缝平均密度一般在 5.69 ~ 27.97 条/m。经过多年开采,建库前压力系数仅为 0.1,固井时储层保护难度大。通过岩石力学分析计算,在储层较差的区域的注采井,产量波动较大时,可能产生井壁垮塌的现象,需用具有井壁支撑作用的完井方式完井。同时,考虑注采时产生的交变应力对岩石的影响,推荐采用筛管完井,确保注采井长期安全运行。

五、完井筛管设计

相国寺储气库石炭系完钻后采用筛管完井,由于储气库特殊性,筛管应满足长期稳定运行(30 ~ 50 年),同时满足强注强采、周期循环、交变应力要求。筛管的应用能保证注入采出气体均匀进入储层和井筒,缓和注入采出气时的强度,有效地减少注气时的泵入压力和采气时的生产压差,同时能有效支撑井壁和阻挡地层碎屑的作用。

(一)定向井完井筛管设计

1. 筛管类型的选择

根据对相国寺储气库储层出砂的预测,在正常运行条件下,储层不会出砂,但需要支撑井壁及防止井壁碎屑进入井筒。同时考虑注采井强注强采的特点,选用过滤精度高,防砂效率高,有效期长,可靠性强的冲缝筛管作为储气库注采井的完井筛管。该筛管由中心管、高密冲缝套、不锈钢配环组成(图4-6),其主要特点如下:

图4-6 冲缝筛管图

(1)过滤性能。采用精密冲压技术,过滤精度得到保证,同时形成侧流孔(直角过流面),具有更强的自洁能力,采用螺旋焊接形成,确保了过滤套的强度,下入时过滤单元得到有效保护。

(2)过流能力。有效过流面积约为普通割缝筛管的3~5倍。

(3)管体强度。筛管中心管选用API设备或套管,采用螺旋形式打孔,减少了管体横截面的开孔面积,管体强度远大于割缝筛管。

(4)抗腐蚀性能。过滤材料选用优质不锈钢,特殊的焊接工艺,消除热应力影响,抗腐蚀性能优异。

(5)外径小于同规格套管接箍,具有优良的下入性能。

2. 筛管材质选择

根据相国寺储气库注采井井下腐蚀环境,采用OLI腐蚀模拟预测软件模拟分析可知,油套管采用抗酸性防气体腐蚀材质(80S、95S等)的腐蚀性较小,可满足储气库运行要求。综合考虑强度要求,推荐筛管中心管采用95S材质套管,冲缝套采用不锈钢材质。

3. 筛管过流面积选择

储气库注采气量大,应充分考虑筛管对注采井注采能力的影响。当基管过流面积 $0.0141m^2/m$ 、过滤套过流面积 $0.1027m^2/m$ 时,不同筛管长度和不同产气量引起的压降,如表4-5所示。

表 4 – 5　不同长度防砂筛管对注采井注采能力的影响

套管参数				基管过流面积（m²/m）	过流面积比	过滤套过流面积（m²/m）	过流面积比	筛管长度（m）	产气量（10⁴m³/d）	气体密度（kg/m³）	总压降（Pa）
外径（mm）	壁厚（mm）	内径（mm）	截面积（mm²）								
127	7.52	111.9	9840	0.0141	1.436	0.1027	10.44	20	150	0.565	1086
								30			483
								40			271
								50			175
								20	200		1932
								30			859
								40			483
								50			309

可以看出,当注采气量 $150 \times 10^4 \text{m}^3/\text{d}$,筛管长度 20m 时,由于筛管引起的总压降仅为 1086Pa,随着筛管长度的增加,总压降也不断减小,几乎可以忽略不计。

4. 防砂筛管参数设计

相国寺储气库定向井完井筛管必须满足 $150 \times 10^4 \text{m}^3/\text{d}$ 以上产量的要求,相关参数设计见表 4 – 6。筛管长度应根据石炭系储层钻遇长度确定,但最短不得小于 20m。

表 4 – 6　定向井筛管技术参数

中心管技术参数						
尺寸（mm）	壁厚（mm）	钻孔孔径（mm）	钻孔密度（孔/m）	钻孔分布	过流面积（m²/m）	材质
127	7.52	10	180	螺旋（45°相位）	0.0141	95S

冲缝套技术参数				
最大外径（mm）	过滤精度（mm）	冲缝套壁厚（mm）	过流面积（m²/m）	材质
140	1.5	1.5	0.1027	不锈钢

（二）水平井完井筛管设计

相国寺储气库水平井完井筛管必须满足 $(300 \sim 500) \times 10^4 \text{m}^3/\text{d}$ 以上产量及水平段下入 300m 以上的要求。鉴于水平井的冲缝筛管下入长水平段存在较大的风险,推荐采用 $\phi 177.8\text{mm}$ 普通筛管完井,材质为 95S,筛管技术参数如表 4 – 7。300m 筛管孔眼流通面积是 $\phi 177.8\text{mm}$ 油管流通面积的 24.3 倍,可以满足气流入井的流量。

表 4 – 7　水平井筛管技术参数

尺寸（mm）	壁厚（mm）	钻孔孔径（mm）	孔密（孔/m）	钻孔分布	过流面积（m²/m）	材质
177.8	10.36	10	20	螺旋（45°相位）	0.00157	95S

第三节　完井管柱设计技术

一、注采油管尺寸设计

储气库注采井与通常的油气生产井相比,主要具有单井产能大、安全性能好、反复注采、免修期长等特点。结合相国寺储气库气藏特点,选择注采井的油管尺寸主要考虑以下因素:

(1)与地层产能相协调,满足单井注采气量要求;

(2)单井注采气量条件下具有平稳的井筒压力损失;

(3)防止发生气体冲蚀现象,满足储气库长期安全运行要求;

(4)满足携液采气要求;

(5)所选尺寸的油管具有技术成熟、应用广泛的配套井下工具;

(6)经济合理可行。

相国寺石炭系储气库在上限压力 28MPa、下限压力 13.2MPa 的条件下,定向井最大注采气量 $150 \times 10^4 m^3/d$,采用 $\phi114.3mm$(内径 100.53mm)油管作为生产油管;水平井储层段设计 300m 左右,最大注采气量超过 $(300 \sim 500) \times 10^4 m^3/d$,采用 $\phi177.8mm$(内径 159.42mm)油管作为生产油管。

二、油管扣型选择

对于储气库注采井,生产管柱既要注入天然气,又要采出天然气,注入、采出的温度和压力不断变化,管柱将长期受到交变应力的影响,极易造成生产管柱连接螺纹的密封性失效。气密封螺纹的外螺纹末端与内螺纹形成一个径向或轴向环形金属对金属的接触面,隔开油流和螺纹脂,保持油管的密封性,可以克服 API 普通油管接头圆螺纹连接在抗交变负荷能力差的局限性,大大提高抗漏失性能,延长油管的密封寿命。

因此,推荐注采油管采用气密封螺纹,同时借鉴川渝地区高产气井管柱螺纹气密封试验结论,开展扣型优选。在交变载荷条件下,油套管管柱螺纹气密封试验主要选取 VAM TOP 螺纹和 BGT1 螺纹两种扣型进行,主要包括循环上扣试验、卸扣试验和复合载荷下的气密封试验,针对实际使用工况进行适用性研究分析,并对使用和操作提供建议。

(一)VAM TOP 螺纹气密封试验

VAM TOP 螺纹气密封试验采用的是 $\phi88.90mm \times 6.45mm$ 油管,主要对螺纹进行了上扣试验、卸扣试验、复合载荷气密封试验及电镜扫描等。

1. 上扣试验、卸扣试验

对油管试样内、外螺纹随机配对进行上扣、卸扣试验,将油管试样编号为 1#和 2#。对接头现场端进行 5 次上扣、4 次卸扣,上扣速度控制在 $5 \sim 10r/min$。每次上扣前对螺纹进行仔细检查、清洗、风干、均匀涂抹 SHELL TYPE3 螺纹脂。上扣控制扭矩按照生产厂的推荐要求:前四次上扣采用最大扭矩,最后一次上扣 1#和 2#试样分别采用最大和最小扭矩。针对外径

ϕ88.90mm×6.45mm SM2550-125 VAM TOP 油管,推荐最大和最小扭矩分别为5020N·m和4100N·m。上扣、卸扣试验数据见表4-8。

表4-8 ϕ88.90mm×6.45mm SM2550-125 VAM TOP 油管的上扣、卸扣试验数据

试样编号	上扣端	上扣、卸扣次数	上扣扭矩 (N·m)	台肩扭矩 (N·m)	卸扣扭矩 (N·m)
1#	现场端	1	5581	2302	5989
		2	4919	1704	5034
		3	5197	1580	5210
		4	5011	1603	4825
		5	4979	1380	/
2#	现场端	1	4839	1519	4812
		2	5011	805	5433
		3	5099	1269	5419
		4	4983	1288	4877
		5	4219	1121	/

1#和2#试样四次卸扣均未发现粘扣现象,第四次卸扣后的内螺纹、外螺纹照片如图4-7、图4-8所示。

图4-7 1#油管试样第四次卸扣照片(VAM TOP 螺纹)

图4-8 2#油管试样第四次卸扣照片(VAM TOP 螺纹)

2. 复合载荷气密封试验

对上、卸扣后的 2 根试样进行 150℃、12h 烘干,开展模拟工况和计算参数的复合载荷气密封试验,压力介质为干燥氮气,两端焊接堵头。

在实际工况模拟试验中,拉伸载荷按照抗拉安全系数 1.8 和 1.6 两种工况考虑,压缩载荷选取 300kN,不施加弯曲,施加内压为 50MPa。在计算参数模拟试验中,根据实物管体的外径、壁厚和材料屈服强度的 95% 计算载荷点。

试验控制载荷见表 4-9 和表 4-10。所有试样在试验过程中均未发生泄漏。

表 4-9 ϕ88.90mm×6.45mm SM2550-125 VAM TOP 油管模拟工况试验(1#、2#)

序号	管体弯曲度 [(°)/30m]	轴向总载荷 (kN)	机械载荷 (kN)	内压 (MPa)	保载时间 (min)
1	—	801	569	50	30
2	—	-298	-529	50	30
3	—	899	667	50	30
4	—	-298	-529	50	30
5	—	899	667	50	30
6	—	-298	-529	50	30
7	0	0	0	0	1
8	—	801	569	50	30
9	—	-298	-529	50	30
10	—	899	667	50	30
11	—	-298	-529	50	30
12	—	899	667	50	30
13	—	-298	-529	50	30

表 4-10 ϕ88.90mm×6.45mm SM2550-125 VAM TOP 油管计算参数试验(1#、2#)

序号	管体弯曲度 [(°)/30m]	轴向总载荷 (kN)	机械载荷 (kN)	内压 (MPa)	保载时间 (min)
1	—	1420	1189	50	30
2	20	1274	1042	50	30
3	—	-298	-530	50	30
4	20	-298	-530	50	30
5	—	1073	570	109	30
6	20	931	427	109	30
7	—	0	-503	109	30
8	20	0	-503	109	30

3. 综合分析

ϕ88.90mm×6.45mm SM2550-125 VAM TOP 油管实物试样在上扣、卸扣试验过程中未发生粘扣等损伤,在模拟工况和计算参数复合载荷气密封试验过程中均未发生泄漏。模拟工况和计算参数载荷点均在 95% 屈服强度应力椭圆内,如图 4-9 所示。

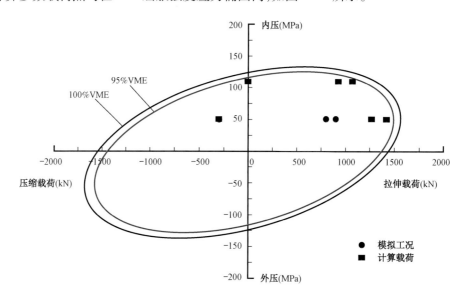

图 4-9 ϕ88.90mm×6.45mm SM2550-125 VAM TOP 油管规定最小屈服强度应力椭圆

试验结束后,将螺纹接头剖开进行观察,螺纹及密封面表面均无可见损伤,如图 4-10 所示。对螺纹及密封面在扫描电镜下进行微观观察分析,如图 4-11 所示。密封表面无损伤,外螺纹密封面可以观察到较为均匀附着的接箍镀铜,这是由于密封表面之间发生了过盈接触所致。螺纹表面完好,在外螺纹齿顶有极为轻微的摩擦痕迹,不足以对螺纹性能造成影响。

图 4-10 试样解剖后形貌(VAM TOP 螺纹)

4. 结论与建议

(1)试样在上扣、卸扣试验中均未发生粘扣;

(2)试样在工况模拟和计算参数复合载荷气密封试验过程中均未发生泄漏;

(3)建议上扣扭矩控制在本试验采用的最大扭矩与最小扭矩范围内。

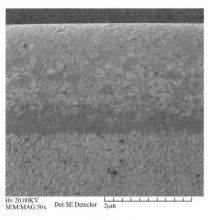 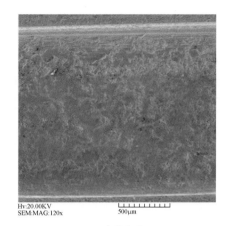

(a)密封面表面   (b)螺纹齿顶

图4-11 试样解剖后螺纹微观形貌(VAM TOP 螺纹)

(二)BGT1 螺纹气密封试验

BGT1 螺纹气密封试验采用的是 ϕ73.02mm×5.51mm BG2830-110 油管,主要对螺纹进行了上扣试验、卸扣试验、复合载荷气密封试验和电镜扫描等。

1. 上扣试验、卸扣试验

对油管试样内、外螺纹随机配对进行上、卸扣试验,油管试样编号为1#和2#。对接头现场端进行5次上扣、4次卸扣,上扣速度控制在5~10r/min。每次上扣前对螺纹进行仔细检查、清洗、风干、均匀涂抹 SHELL TYPE3 螺纹脂。上扣控制扭矩按照生产厂的推荐要求:前四次上扣采用最大扭矩,最后一次上扣1#和2#试样分别采用最大和最小扭矩。针对 ϕ73.02mm×5.51mm BG2830-110 BGT1 油管,推荐最大和最小扭矩分别为2810N·m和2390N·m。上扣、卸扣试验数据见表4-11。

表4-11 ϕ73.02mm×5.51mm BG2830-110 BGT1 油管的上扣、卸扣试验数据

试样编号	上扣端	上扣、卸扣次数	上扣扭矩 (N·m)	台肩扭矩 (N·m)	卸扣扭矩 (N·m)
3#	现场端	1	2960	606	2737
		2	2695	579	2385
		3	2506	416	2348
		4	2914	435	1959
		5	2876	408	/
4#	现场端	1	2663	616	2588
		2	2682	495	2440
		3	2866	519	2510
		4	2881	579	2594
		5	2714	510	/

1#和2#试样四次卸扣均未发现粘扣现象,第四次卸扣后的内、外螺纹照片如图4-12、图4-13所示。

图4-12 1#油管试样第四次卸扣照片(BGT1 螺纹)

图4-13 2#油管试样第四次卸扣照片(BGT1 螺纹)

2. 复合载荷气密封试验

对上扣、卸扣后的4根试样进行150℃、12h烘干后进行模拟工况和计算参数复合载荷气密封试验。压力介质为干燥氮气,两端焊接堵头。

在实际工况模拟试验中,拉伸载荷按照抗拉安全系数1.8和1.6两种工况考虑,压缩载荷选取300kN,不施加弯曲,施加内压为50MPa。在计算参数模拟试验中,根据实物管体的外径、壁厚和材料屈服强度的95%计算载荷点。

试验控制载荷见表4-12和表4-13,所有试样在试验过程中均未发生泄漏。

表 4 – 12 φ73.02mm × 5.51mm BG2830 – 110 BGT1 油管模拟工况试验(1#、2#)

序号	管体弯曲度 [(°)/30m]	轴向总载荷 (kN)	机械载荷 (kN)	内压 (MPa)	保载时间 (min)
1	—	494	338	50	30
2	—	−298	−454	50	30
3	—	552	396	50	30
4	—	−298	−454	50	30
5	—	552	396	50	30
6	—	−298	−454	50	30
7	0	0	0	0	1
8	—	494	338	50	30
9	—	−298	−454	50	30
10	—	552	396	50	30
11	—	−298	−454	50	30
12	—	552	396	50	30
13	—	−298	−454	50	30

表 4 – 13 φ73.02mm × 5.51mm BG2830 – 110 BGT1 油管计算参数试验(1#、2#)

序号	管体弯曲度 [(°)/30m]	轴向总载荷 (kN)	机械载荷 (kN)	内压 (MPa)	保载时间 (min)
1	—	872	716	50	30
2	20	783	627	50	30
3	—	−298	−454	50	30
4	20	−298	−454	50	30
5	—	654	347	100.1	30
6	20	569	262	100.1	30
7	—	0	−307	100.1	30
8	20	0	−307	100.1	30

3. 综合分析

φ73.02mm × 5.51mm BG2830 – 110 BGT1 油管实物试样在上、卸扣试验过程中未发生粘扣等损伤。所有试样在模拟工况和计算参数复合载荷气密封试验过程中均未发生泄漏。模拟工况和计算参数载荷点均在95%屈服强度应力椭圆内,如图4 – 14 所示。

试验结束后,将螺纹接头剖开进行观察,螺纹及密封面表面均无可见损伤,如图4 – 15 所示。对螺纹及密封面在扫描电镜下进行微观观察分析,如图4 – 16 所示。密封面和螺纹均完好,在外螺纹齿顶有极为轻微的摩擦痕迹,不足以对螺纹性能造成影响。

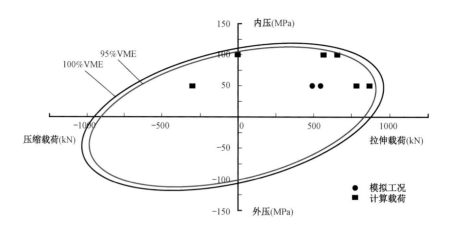

图 4 - 14　ϕ73.02mm × 5.51mm BG2830 - 110 BGT1 规定最小屈服强度应力椭圆

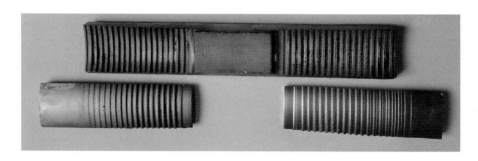

图 4 - 15　试样解剖后形貌(BGT1 螺纹)

(a)密封面表面

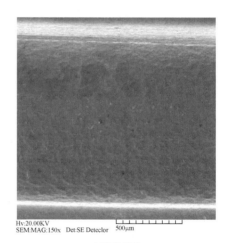

(b)螺纹齿顶

图 4 - 16　试样解剖后螺纹微观形貌(BGT1 螺纹)

4. 结论与建议

试样在上卸扣试验中均未发生粘扣,在工况模拟和计算参数复合载荷气密封试验过程中均未发生泄漏,建议上扣扭矩控制在本试验采用的最大扭矩与最小扭矩范围内。

通过循环上/卸扣试验和复合载荷下的气密封试验可知,VAM TOP 螺纹和 BGT1 螺纹均具有较好的密封性能,基本可满足储气库注采管柱气密封要求,要求在油套管入井前,在井口逐螺纹进行气密封检测,以保证完井管柱的整体密封性。

三、完井管柱强度校核

(一)静态校核

油管有三个主要性能:抗挤毁强度、内压屈服强度、螺纹连接屈服强度。油管柱的设计必须保证三个主要性能都满足要求,才能保证完井管柱的安全。

根据相关规程,推荐油管柱设计安全系数,抗挤安全系数为 1.0～1.25,抗内压安全系数为 1.03～1.25,抗拉安全系数为 1.8 以上,含硫天然气井应取高限。根据储气库特殊的工作环境,安全系数取高限,即抗挤安全系数应大于 1.25,抗内压安全系数大于 1.25,抗拉安全系数大于 1.8。

相国寺石炭系产层中深 2311m 左右,按最大下深 3100m(斜深)计算油管强度;同时地质设计气库运行上限压力 28MPa。根据相国寺石炭系气藏天然气储气库运行方案,预计注气阶段井口压力 8.19～30MPa,采气阶段井口压力 7～22.4MPa。根据气质特点和井深条件,适宜采用 80S 钢级油管。对 ϕ114.3mm 和 ϕ177.8mm 气密封螺纹油管(参数见表 4－14)进行强度计算校核,结果见表 4－15。

表 4－14 气密封扣油管参数表

钢级	尺寸 (mm)	壁厚 (mm)	内径 (mm)	接头连接强度 (kN)	管体连接强度 (kN)	抗内压 (MPa)	抗外挤 (MPa)
80S	114.3	6.88	100.5	1280	1280	58.1	51.7
	177.8	10.36	157.08	3007	3007	56.3	48.4

表 4－15 气密封油管强度校核表

钢级	尺寸 (mm)	壁厚 (mm)	单重 (kg/m)	螺纹抗拉 安全系数	抗内压 安全系数	抗外挤 安全系数
80S	114.3	6.88	18.99	2.21	1.94	3.08
	177.8	10.36	43.16	2.25	1.88	1.73

计算结果表明,采用 80S 钢级气密封螺纹油管,其抗挤毁强度、内压屈服强度、螺纹连接屈服强度都能够满足静态校核要求。

(二)不同工况条件下管柱力学校核

储气库注采井完井管串反复经受注和采两种工况,压力、温度变化较大,造成油管应力变化大,因此,很有必要对管串在注气和采气两种工况下进行力学计算分析,校核管柱安全性能。选取储气库的先导试验井——XC7 井建立模型,运用 Wellcat 软件对其最大注气和最大采气的工况进行力学计算和分析。

1. 定向井注采管柱力学校核

定向井完井时下 Φ114.3mm、壁厚 6.88mm、80S 钢级气密封螺纹油管至井深 2500m 左右，可取式封隔器坐封位置 2120m 左右，插管封隔器坐封位置 2150m 左右，单井注采气量小于 150 × 10⁴m³/d。

（1）隔器坐封过程。

在座封过程，井口轴向载荷最大为 45.2t，抗拉安全系数为 2.83，处于安全状态。计算结果见图 4 - 17、表 4 - 16、表 4 - 17。

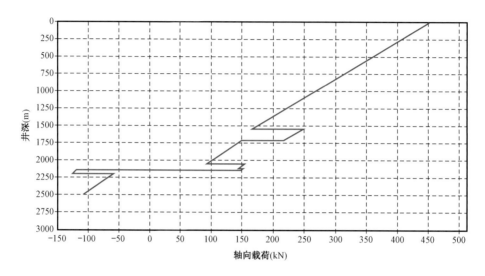

图 4 - 17　油管轴向载荷图

表 4 - 16　可取式封隔器坐封时管柱力学计算结果

工况	油压（MPa）	套压（MPa）	油管安全系数					油管对封隔器力（kN）	封隔器对套管力（kN）
			位置	三轴	抗拉	抗内压	抗外挤		
可取式封隔器坐封	21	0	0	2.59	2.83	2.77	100 +	-144.2	-144.2
			可取式封隔器上部	2.72	8.69	2.73	100 +		

表 4 - 17　封隔器坐封时两封隔器之间油管力学计算结果（极限情况：插管无伸缩）

工况	油压（MPa）	套压（MPa）	油管安全系数					油管对插管封隔器力（kN）	插管封隔器对套管力（kN）
			位置	三轴	抗拉	抗内压	抗外挤		
可取式封隔器坐封	21	0	可取封隔器下部	2.74	8.20	2.73	100 +	-88.7	-88.7
			插管封隔器上部	2.73	8.45	2.73	100 +		

注：负值表示受力向上。

井口至可取式封隔器之间油管柱缩短 0.49m；两封隔器之间油管缩短 0.008m。

（2）注气工况下的力学分析。

地层压力28MPa，井口注气量$100 \times 10^4 m^3/d$，注气温度50℃，环空注氮气，管柱力学性能计算结果见表4-18。

表4-18 相储7井注气时管柱力学计算结果

工况	油压（MPa）	套压（MPa）	油管安全系数					油管对封隔器力（kN）	封隔器对套管力（kN）
			位置	三轴	抗拉	抗内压	抗外挤		
注入 $100 \times 10^4 m^3$	28.22	0	0	2.04	2.51	2.02	100+	-20.8	-46.9
			封隔器上部	1.98	8.26	1.87	100+		
	28.22	5	0	2.34	2.68	2.46	100+	-17.5	-39.0
			封隔器上部	2.41	10.60	2.27	100+		
	28.22	10	0	2.69	2.88	3.14	100+	-14.3	-31.1
			封隔器上部	3.10	14.70	2.92	100+		

注：负值表示受力向上。

环空0MPa油管柱管柱缩短0.510m；环空5MPa油管柱管柱缩短0.343m；环空10MPa，油管柱管柱缩短0.176m。

（3）采气工况下的力学分析。

地层压力28MPa，最大采气量$150 \times 10^4 m^3/d$，环空注氮气，计算结果见表4-19。

表4-19 相储7井采气时管柱力学计算结果

工况	油压（MPa）	套压（MPa）	油管安全系数					封隔器对套管力（kN）	油管对封隔器力（kN）
			位置	三轴	抗拉	抗内压	抗外挤		
生产 $150 \times 10^4 m^3$	13.1	0	0	2.77	2.56	4.41	100+	-17.6	-33.7
			封隔器上部	3.29	8.63	3.04	100+		
	13.1	5	0	2.94	2.73	7.14	100+	-14.4	-25.8
			封隔器上部	4.67	11.10	4.29	100+		
	13.1	10	0	2.95	2.94	18.60	100+	-11.1	-17.8
			封隔器上部	7.81	15.50	7.31	100+		

注：负值表示受力向上。

采气过程中，环空0MPa时油管柱管柱缩短0.487m；环空5MPa时油管柱管柱缩短0.320m；环空10MPa时油管柱管柱缩短0.153m。

（4）结果分析。

通过对定向井完井管串在封隔器坐封、注气和采气工况下的力学计算可以看出，封隔器坐封期间，管柱三轴安全系数、抗拉安全系数、抗内压安全系数、抗外挤安全系数均大于设计要求值，管柱处于安全状态。两封隔器之间油管伸缩量很小，满足安全要求。注采井在最大采气量 $150 \times 10^4 m^3/d$ 和最大注气量 $100 \times 10^4 m^3/d$ 工作时，完井油管三轴安全系数、抗拉安全系数、抗内压安全系数、抗外挤安全系数均大于设计要求值，管柱处于安全状态。

注采期间，油管对封隔器的力均小于封隔器的解封上提力，封隔器始终处于坐封状态，油套环空适当憋压（5～10MPa），有利于改善完井管柱受力状态，

2. 水平井注采管柱力学校核

水平井采用下 $\phi 177.8mm$、壁厚 10.53mm、80S 钢级气密封扣油管至井深 2500m 左右，永久封隔器坐封位置 2100m 左右，单井注采气量大于 $200 \times 10^4 m^3/d$。

（1）隔器坐封过程。

在座封过程，井口轴向载荷最大为 130.19t，抗拉安全系数为 2.31，处于安全状态，计算结果见表 4－20、图 4－18。

表 4－20　注采井封隔器坐封时管柱力学计算结果

油压（MPa）	套压（MPa）	油管安全系数					油管对封隔器力（kN）	封隔器对套管力（kN）
		位置	三轴	抗拉	抗内压	抗外挤		
30	0	0	1.89	2.31	1.88	100 +	−667.36	−902.94
		封隔器上部	1.99	3.99	1.88	100 +		

注：负值表示受力向上。

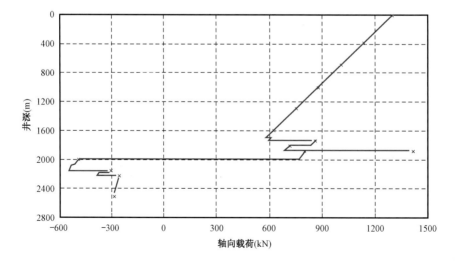

图 4－18　封隔器坐封时油管轴向载荷图

（2）注气工况下的力学分析。

注气压力 30MPa，注气温度 50℃，注气量 $300 \times 10^4 m^3/d$、$500 \times 10^4 m^3/d$，环空注保护液，计算结果见表 4－21。

表 4-21 注采井注气时管柱力学计算结果

工况	油压 (MPa)	套压 (MPa)	油管安全系数					油管对封隔器力 (kN)	封隔器对套管力 (kN)
			位置	三轴	抗拉	抗内压	抗外挤		
注入 300×10⁴m³/d	30	0	0	1.99	2.84	1.88	100+	-324.94	-429.16
			封隔器上部	4.22	5.89	4.17	100+		
	30	5	0	2.32	3.06	2.25	100+	-250.45	-315.41
			封隔器上部	5.60	6.89	6.63	100+		
	30	10	0	2.73	3.31	2.81	100+	-175.97	-201.66
			封隔器上部	6.49	8.31	16.16	100+		
注入 500×10⁴m³/d	30	0	0	1.99	2.86	1.88	100+	-309.74	-399.83
			封隔器上部	4.55	5.95	4.67	100+		
	30	5	0	2.32	3.07	2.25	100+	-235.25	-286.08
			封隔器上部	5.96	6.98	7.99	100+		
	30	10	0	2.74	3.33	2.81	100+	-160.76	-172.33
			封隔器上部	6.31	8.44	27.61	29.68		

注:负值表示受力向上。

$300 \times 10^4 m^3/d$ 注气过程中,环空套压 0MPa 油管柱伸长 0.187m;环空套压 5MPa 油管柱伸长 0.055m;环空套压 10MPa,油管柱缩短 0.077m。

$500 \times 10^4 m^3/d$ 注气过程中,环空套压 0MPa 时油管柱伸长 0.178m;环空套压 5MPa 时油管柱伸长 0.045m;环空套压 10MPa 时油管柱缩短 0.087m。

(3)采气工况下的力学分析

井口油压 7MPa,采气量 $300 \times 10^4 m^3/d$、$500 \times 10^4 m^3/d$,环空注保护液,计算结果见表 4-22。

表 4-22 注采井采气时管柱力学计算结果

工况	油压 (MPa)	套压 (MPa)	油管安全系数					油管对封隔器力 (kN)	封隔器对套管力 (kN)
			位置	三轴	抗拉	抗内压	抗外挤		
采出 300×10⁴m³/d	7	0	0	4.00	3.63	8.04	100+	23.71	88.17
			封隔器上部	4.33	10.17	100+	4.87		
	7	5	0	4.05	3.99	28.13	100+	98.20	201.92
			封隔器上部	3.31	8.12	100+	3.24		
	7	10	0	3.69	4.43	100+	11.53	172.68	315.67
			封隔器上部	2.64	6.76	100+	2.43		
采出 500×10⁴m³/d	7	0	0	3.67	3.33	8.04	100+	-74.68	-41.84
			封隔器上部	4.88	8.43	100+	6.99		
	7	5	0	3.68	3.62	28.13	100+	-0.19	71.91
			封隔器上部	3.80	10.23	100+	4.08		
	7	10	0	3.38	3.98	100+	11.37	74.29	185.66
			封隔器上部	2.99	8.16	100+	2.87		

注:负值表示受力向上。

$300 \times 10^4 m^3/d$ 采气过程中,环空套压 0MPa 时油管柱缩短 0.222m;环空套压 5MPa 时油管柱缩短 0.354m;环空套压 10MPa 时油管柱缩短 0.486m。

$500 \times 10^4 m^3/d$ 采气过程中,环空套压 0MPa 时油管柱缩短 0.087m;环空套压 5MPa 时油管柱缩短 0.219m;环空套压 10MPa 时油管柱缩短 0.351m。

(4)结果分析。

通过对注采井完井管串在封隔器坐封、注气和采气工况下的力学计算可以看出,封隔器坐封期间,管柱三轴安全系数、抗拉安全系数、抗内压安全系数、抗外挤安全系数均大于设计要求值,管柱处于安全状态。油管伸缩量较小,封隔器受力处于安全状态,满足要求。注采井在注采气量 $300 \times 10^4 m^3/d$ 和 $500 \times 10^4 m^3/d$ 工作时,完井油管三轴安全系数、抗拉安全系数、抗内压安全系数、抗外挤安全系数均大于设计要求值,管柱处于安全状态。注气阶段,油套环空适当憋压(5~10MPa),有利于改善完井管柱受力状态和减小封隔器受力。

四、完井管柱结构及配套工具

(一)注采完井管柱具有的功能

注采完井管柱必须具有以下功能:满足气库注采气强注强采需要;实现井下安全控制;满足储气库注采期间温度、压力监测需要;环空注氮气,保护套管内壁和油管外壁;消除注采期间温度、压力交变对套管产生的影响;满足不压井起下管柱要求。

(二)注采井完井管柱结构

1. 定向井完井管柱结构

为减少储层伤害,充分保护储层,相国寺储气库采用不压井作业进行完井施工,最终优化的生产管柱结构如图 4-19 所示。该管柱构成为(自上而下):油管挂 + 上流动短节 + 井下安全阀 + 下流动短节 + φ114.3mm 气密封螺纹油管 + 可取式封隔器 + 插管封隔器 + 坐放短节 + 盲堵。

该完井管串的特点是采用不压井作业进行完井施工,并可安全下入井下安全阀及液压控制管线。氮气钻完石炭系储层并下入筛管后,采用不压井作业下入带盲堵的插管封隔器至设计井深,坐封插管封隔器,起出送入工具,暂闭石炭系。再下入带插管的可取式封隔器 + 井下安全阀管串完井,环空注氮气或环空保护液保护套管。该管串在储气库运行期间中可充分保护套管免受交变应力的影响,并可实施对储气库压力、温度的阶段性监测。根据注采井运行情况,可随时下堵塞器暂闭石炭系,进行检查或更换上部油管的修井作业,最大程度的保护储层。

2. 水平井完井管柱结构

通过对不同工况条件下完井管柱的受力分析计算结果表明,在正常注采条件下,管柱的伸缩不会对管柱和封隔器造成破坏,不必采用伸缩短节。根据相国寺储气库水平井强注强采特点,要求完井管柱结构简单、密封可靠、30 年不动管串进行生产,采用油管柱 + 上流动短节 + 井下安全阀 + 下流动短节 + φ177.8mm 气密封螺纹油管 + 永久式封隔器 + 坐放短节 + 管鞋的完井管柱作为水平井注采管柱(图 4-20)。该管柱的特点是满足大产量注采能力的要求,管柱采用永久式封隔器完井,密封性好,且能满足后期注采井动态监测的需要。

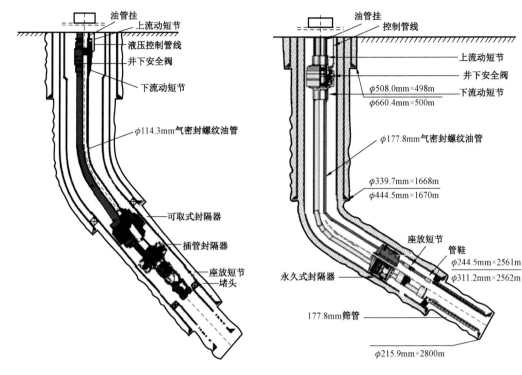

图 4 - 19 定向井完井管柱结构示意图   图 4 - 20 水平井完井管柱结构示意图

(三) 配套工具

配套工具主要包括井下安全阀、永久式封隔器、可取式封隔器、插管封隔器、座放短节等。在配套工具的配置上,既考虑工具本身与油管注采能力和井身结构的协调性,又考虑操作工具通过配套工具时的适应性。

1. 井下安全阀

相国寺储气库选用油管起下、地面控制的自平衡式井下安全阀。安全阀安装在井口以下80~100m 左右,在采气树被毁坏时或地面出现火灾等异常情况时可实现自动或人为关闭,实现井下控制,保证储气库的安全。在安全阀上下各安装一个流动短节,防止流体流动对安全阀的冲击。安全阀规格参数见表 4 - 23、表 4 - 24,示意图如图 4 - 21 所示。

表 4 - 23 ϕ114.3mm 井下安全阀技术规格

油管规格	ϕ114.3mm	安全阀规格	ϕ114.3mm
型号	油管回收式	特点	具有自平衡特性
最大外径	152mm	最小内径	96.8mm
材质	9Cr - 1Mo	工作压力	35MPa
安全阀控制管线规格	外径:6.35mm;壁厚:1.24mm;内径:3.86mm		

表 4 - 24 ϕ177.8mm 井下安全阀技术规格

油管规格	ϕ177.8mm	安全阀规格	ϕ177.8mm
型号	油管回收式	特点	具有自平衡特性
最大外径	212.73mm	最小内径	149.23mm
材质	9Cr - 1Mo	工作压力	35MPa
安全阀控制管线规格	外径 6.35mm;壁厚 1.24mm;内径 3.86mm		
扣型	与生产油管配套的气密扣		

注:附件为液压控制管线、控制管线护箍、液压油、手压泵、安装工具、流动短节等。

2. 完井封隔器

地下储气库生产管柱一般使用封隔器,其主要作用是有效封隔注采管和生产套管环空,避免气体腐蚀套管和阻止气体压力变化对套管产生的交变应力,保护套管,延长注采井寿命。封隔器按作用功能可分为永久式封隔器和可取式封隔器。永久式封隔器一旦坐封,封隔可靠,不易解封,只有通过套铣才能解封取出;可取式封隔器坐封后,可以通过上下提放进行解封,方便管柱更换。相国寺储气库定向井注采气量相对较小,为了方便后期修井作业,选用可取式封隔器(表 4 - 25、图 4 - 22),而水平井注采气量较大,为保证水平井完井封隔器的工作性能,选用液压坐封的永久式封隔器(表 4 - 26、图 4 - 23)。

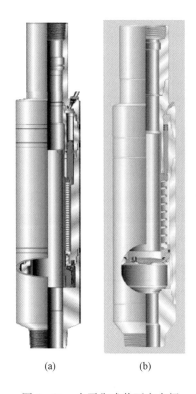

(a)   (b)

图 4 - 21   自平衡式井下安全阀

图 4 - 22   可取式封隔器

图 4 - 23   永久式封隔器

表 4 – 25   可取式封隔器技术规格参数

套管尺寸	177.8mm	重量级别	32~35lb/ft
最大外径	147.8mm	最小内径	97.3mm
胶筒类型	氟橡胶	材质	9Cr – 1Mo
扣型	ϕ114.3mm(4½″) 气密封螺纹	适用温度	120℃
坐封方式	液压	解封方式	上提
压力级别	35MPa	坐封压力	21MPa(可调)

表 4 – 26   永久式封隔器技术规格参数

套管尺寸	244.5mm	材质	9Cr – 1Mo
最大外径	208.78mm	最小内径	152.40mm
扣型	ϕ177.8mm(7″) 气密封螺纹	适用温度	120℃
坐封方式	液压	解封方式	磨铣
压力级别	35MPa(7000psi)	坐封压力	24.48MPa(3500psi)可调

3. 插管封隔器

相国寺储气库使用插管封隔器暂闭石炭系,以实现在不压井状态下安全下入井下安全阀及液压控制管线。插管封隔器由锚定机构、座封机构、锁定机构、插管总成几大部分组成。插管总成实现管柱与封隔器的密封,当生产管柱发生上下蠕动时,插管随管柱上下活动,要求封隔器坐封位置在井斜角小于50°的井段上。插管封隔器及密封插管结构示意图如图4–24、图4–25所示,参数见表4–27。

图 4 – 24   插管封隔器

图 4 – 25   双层密封插管总成

表 4 – 27   插管封隔器规格参数

套管尺寸	ϕ177.8mm	扣型	ϕ114.3mm 气密封螺纹
坐封方式	液压	压力级别	35MPa
材质	9Cr – 1Mo	密封材料	AFLAS
最大外径	149mm	最小内径	97.2mm
胶筒外径	144mm	插管座长度	1140mm
座封压力	14MPa(可调)	丢手压力	21MPa(可调)

注:附件为坐封工具、伸缩加力器、油管扶正器等。

4. 坐放短节

可通过钢丝绳作业将堵塞器坐落在坐放短节处,实现管柱上下隔绝,完成油管密封试压及不压井更换井口作业;用钢丝绳作业将储存式温度压力计悬挂于坐放短节上,可实现对注储气库压力、温度的阶段性监测。参数见表4-28、表4-29,结构示意图如4-26、图4-27所示。

表 4 - 28 φ114. 3mm 坐放短节规格参数

规格	φ114. 3mm	材质	9Cr – 1Mo
扣型	气密封螺纹	压力级别	35MPa
最大外径	127. 25mm	最小外径	79. 37mm

表 4 - 29 φ177. 8mm 坐放短节规格参数

规格	φ177. 8mm	扣型	与油管匹配的气密封螺纹
最大外径	195. 71mm	最小内径	146. 05mm
材质	9Cr – 1Mo	工作压力	35MPa

图 4 - 26 坐放短节

图 4 - 27 堵塞器

五、气密封螺纹检测

完井管柱气密封性检测是在下完井管串时,对螺纹的现场端和工厂端进行快速、高效、无损的气密封检测,以保证下入井内的管串连接螺纹密封性合格。这是保证完井管柱气密封性的最后一道关卡。

(一)检测原理及工艺

可以利用氦分子直径很小、在气密封扣中易渗透的特点,精确地检测出油管的密封性。在管柱内下入带上下两个封隔器的检测工具,在螺纹连接部位上下卡封,然后往中间密封空间内注入高压氦氮混合气,用高灵敏度的探测器在螺纹外检测,在规定的时间内,检测不到氦气的泄露,可以确认该螺纹连接无漏失,如果探测到有氦气泄露,就说明此螺纹密封不合格,应该采取措施整改(图4-28、图4-29)。

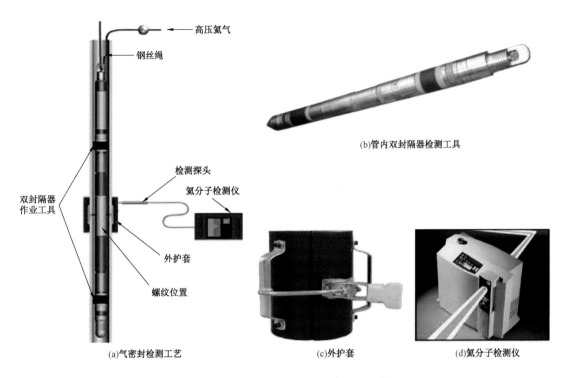

图 4 - 28 气密封检测工艺及配套工具示意图

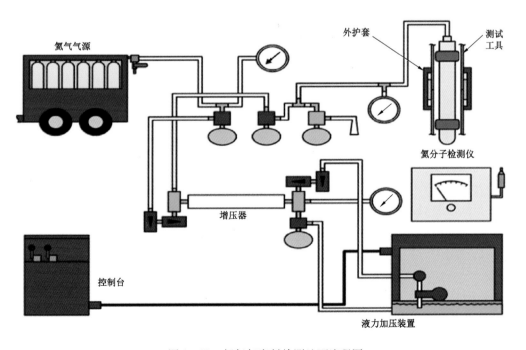

图 4 - 29 氦气气密封检测地面流程图

（二）检测压力确定及密封质量判定

油管螺纹的密封性能与检测压力密切相关，只有在要求的检测压力下，对油管螺纹进行气密封检测才有意义。检测压力的确定按照油管抗内压最大载荷的75%。

在一定的检测压力小，当漏率大于某一规定值时，就判定螺纹密封性不合格。为保证检测结果的准确性，如发现氦气检测仪检测结果为不合格，应该对同一螺纹进行再次检测，方可判定此螺纹密封不合格。对螺纹密封性能不合格管柱不能入井，必须要加以整改，再次检测合格后方可入井。

（三）气密封检测设备

气密封检测设备主要包括五大部分：

（1）动力部分，主要包括发动机、高压水泵、液压泵、空气泵及附件；

（2）绞车部分，包括绞车和控制台；

（3）检测工具，包括油管封隔器，气体注入管线及工具连接管线等；

（4）储能器，主要包括储能器本体、控制阀、氦气瓶、氮气瓶；

（5）氦气检漏仪。

（四）常见的检测不合格的原因

（1）上扣扭矩不到位；

（2）螺纹清洗不合格，螺纹密封面有杂物；

（3）螺纹加工不合格，存在毛刺或损毁。

（五）气密封检测施工要求

（1）现场召开施工交底会，明确各施工方职责及责任区，并进行施工前的现场演练，对不合格地方进行整改调整，检查所有消防、救生等设施、设备和器材情况，保证满足作业要求。

（2）气密封检测属于高压施工，施工时非本单位施工人员不得进入高压警戒线内，储能器及水压泵在打压期间工作人员也不得靠近。

（3）进入工作区都必须按标准劳保佩戴整齐，工作人员要有上岗证、井控证、防硫化氢证。

（4）高压管线采用分段固定并用软管包裹，防止高压管线断裂后高压气流乱窜伤人。

（5）根据监测油管内径、检测工具压力和检测压力，调整储能器进气压力，保证检测时检测工具不进水。

（6）检测结果为不密封时，应对同一螺纹再检测一遍，必须两次检测结果都为不密封，方可判定此螺纹密封不合格，不合格螺纹必须进行整改合格后方可入井。

（7）氦气检测仪至少每下10次进行一次敏感度测试，保证检测仪有效性。

（8）及时更换漏水漏气的控制阀，保证检测压力达到设计标准。

（9）检测工具每检测40~50根油管就保养维护一次，保证检测施工有效和安全。

（10）发现高压管线接头泄漏，不准带压整改，必须泄压完全后方可整改。

（11）井口工要确认检测工具完全卸压后才能进行起下作业。起检测工具时，先下探1m

以上,确认检测工具完全解封后再上提,上提要慢,平稳,防止检测工具没有解封上提时拉断钢丝绳后工具落井。

(12)井架工在二层平台上要固定牢保险绳,并要求任何使用工具必须固定好使用,以防掉落物伤人。

(13)中途停止检测时要把检测工具提出油管,做好放喷工作。

(14)按要求配备医疗急救设施和药品。

第四节　井下防腐工艺技术

防腐蚀设计的目的主要有两个:第一,保护套管,延长注采井使用寿命;第二,防止因为完井油管腐蚀失效造成提前修井。相国寺储气库注采气井油套管防腐是根据储气库原有流体组分和将来注气组分可能引起的腐蚀来设计的。

一、腐蚀因素分析

相国寺储气库在注气期间,注入气中含有 1.89% CO_2,不含水,此时不会对油套管造成腐蚀(表 4 - 30)。储气库在采气期间,采出气含有 1.81% CO_2(分压 0.51MPa)和微量的 H_2S(分压 0.00028MPa),同时会带出少量的凝析水或地层水(表 4 - 31),可能会对油套管造成腐蚀。但随着几个注采周期的变化,采出气的含水会越来越低,对油套管的腐蚀速度会越来越小。

表 4 - 30　中卫—龙岗—贵阳联络线净化气组分表

组分	C_1	C_2	C_3	iC_4	nC_4
摩尔分数(%)	92.55	3.96	0.34	0.12	0.08
组分	iC_5	CO_2	N_2	H_2S	
摩尔分数(%)	0.22	1.89	0.85	0.0001	

表 4 - 31　相国寺储气库采出气组分预测表

组分	C_1	C_2	C_3	iC_4	nC_4	iC_5
摩尔分数(%)	92.79	3.82	0.32	0.11	0.08	0.21
组分	CO_2	N_2	H_2S	He	H_2	
摩尔分数(%)	1.81	0.85	0.001	0.004	0.001	

(一)采出水矿化度影响

地层水总矿化度 40000mg/L 左右,氯根离子 25000mg/L 左右,表明采出液的导电性比较强。

(二)H_2S 的影响

在注气和采气过程中,天然气中都含有微量的 H_2S 气体,可能对管材造成电化学腐蚀、氢脆和硫化物应力腐蚀开裂。影响 H_2S 电化学腐蚀的因素很多,包括 H_2S 的含量、pH 值、温度及 CO_2,如果还含有其他腐蚀组分,如 Cl^-,将促使 H_2S 对管材的腐蚀速率大幅度提高。

(三)CO_2 的影响

在储气库采气和注气过程中,井流物中含有 CO_2,可能存在 CO_2 腐蚀。CO_2 腐蚀钢材(油套管)主要是天然气中 CO_2 溶于水生成碳酸而引起电化学腐蚀所致。干燥的 CO_2 不会产生电化学腐蚀,只有与水共存时,才会发生电化学腐蚀。

1. CO_2 分压的影响

许多学者认为,CO_2 分压是造成 CO_2 腐蚀危害的主要因素。一般认为,当 CO_2 分压低于0.021MPa 时,腐蚀可以忽略;当 CO_2 分压为 0.021~0.21MPa 时,腐蚀可能发生;当 CO_2 分压大于 0.21MPa 时,会产生腐蚀。

2. 温度的影响

温度也是 CO_2 腐蚀的重要影响因素。研究表明,温度低于60℃时,由于不能形成保护性的腐蚀产物膜,腐蚀以均匀腐蚀为主;当温度在 60~110℃范围时,腐蚀产物厚而松,结晶粗大,不均匀,易破坏,局部孔蚀严重;当温度高于150℃时,腐蚀产物细致、紧密,附着力强,于是有一定的保护性,腐蚀率下降。

(四)pH 值及温度的影响

为了解相国寺储气库井流物的 pH 值和温度变化对腐蚀的影响,利用 OLI 腐蚀分析评价软件模拟现场实际,计算分析结果见图 4-30,腐蚀速率随温度的升高而增加,最大腐蚀速率为 0.044mm/a。

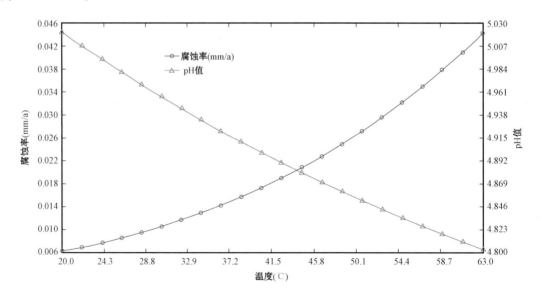

图 4-30　腐蚀速率随 pH 值及温度变化曲线

（五）结论

气井腐蚀因素比较复杂，影响腐蚀的因素相互作用，相互影响，很难对腐蚀情况做出准确的定量计算，只能定性分析腐蚀的大致趋势。

针对相国寺储气库的基本情况：初期井流物中含有少量凝析水，后期主要是净化气，基本上是干气；井底温度 62℃，井口温度 16 ~ 38℃，井口压力变化范围 7 ~ 30MPa，CO_2 含量 1.813%，H_2S 含量 0.001%；每年采气 120 天，注气 220d。在注气阶段，注采井管柱不会受到腐蚀。在采气阶段，腐蚀主要受地层水、CO_2、H_2S 的影响，其中地层水影响腐蚀的因素最大。

石炭系投产 30 多年来，累计采气 $40.07 \times 10^8 m^3/d$，累计产水只有 $1890m^3$，大部分为凝析水，地层水仅有 $110m^3$。根据气藏工程研究表明，石炭系气藏为边水气藏，且边水封闭有限，水体储量小，能量弱，宏观上向气藏均匀推进，不会出现"水窜"或"舌进"等恶性现象。

因此，储气库运行期间不会产生大量地层水，运行前几个周期，管柱可能会受到轻微的腐蚀，但几个周期后，井流物主要为输气联络线的净化气，基本上为干气，对管柱的腐蚀将进一步减小。

二、井下防腐设计

（一）油套环空防腐

相国寺储气库完井管柱采用封隔器将油套环空隔离，因此，只需进行普通的金属防腐，防止套管内壁和油管外壁发生腐蚀。油套环空发生腐蚀的主要原因有：第一：氧气腐蚀；第二：微生物腐蚀；第三：溶解盐腐蚀。

相国寺储气库新钻注采井采用氮气钻开石炭系，筛管完井，且采用不压井作业进行完井施工，最大程度的保护储层，减少伤害。结合西南油气田分公司利用环空注氮气保护套管的成功经验，相国寺储气库注采井和观察井选择环空注氮气的方法保护套管内壁和油管外壁。对于环空不具备注氮气的注采井，可采取注环空保护液的方法保护套管。

（二）油管防腐

根据相国寺储气库初期井流物中含有少量水，后期基本为净化气的特点，油管防腐重点在储气库运行的前几个周期，同时考虑储气库要求免修井时间长，采用抗酸性气体腐蚀材质的油管，即可满足安全要求。

按照相国寺储气库的井筒和生产条件，推荐生产油管采用 80S 材质油管。为进一步了解 80S 油管的耐腐蚀性，利用 OLI 腐蚀模拟预测软件对相国寺储气库采气阶段进行油管腐蚀材质模拟评价，结果见图 4 – 31。

由 OLI 软件模拟计算井底出 pH 值 5.0，氧化还原电位为 0.51V。

由图 4 – 31 可知，氧化还原电位与介质 pH 值的交点 D 点处于绿色钝化区，定性分析腐蚀较小，采用 80S 材质防腐，即可满足储气库运行要求。但一旦介质发生变化，该点移至黄色 B 区就会出现明显腐蚀。

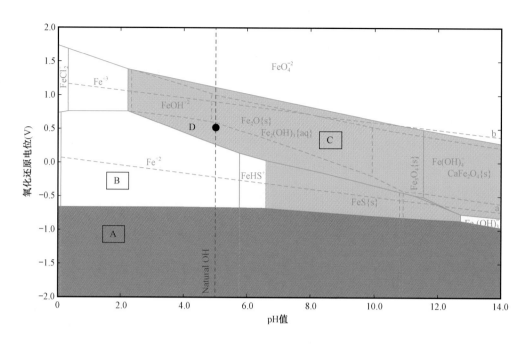

图 4 - 31　80S 油管在温度 62℃、压力 28MPa 条件下的电位—pH 值图

灰色区即 A 区为不腐蚀区，绿色区即 C 区为钝化区，黄色区即 B 区为腐蚀区

三、腐蚀监测

为加强注采井油管腐蚀监测，相国寺储气库在注采期间在北部、中部和南部各选一口井，开展油管腐蚀监测。根据监测情况及生产变化选择和调整合理的防腐方案进行注采井生产通道防腐。

腐蚀监测井的油管及井下工具在下井前，采用超声波测厚仪提前测量其壁厚值，储气库运行期间，采用多臂井径仪和电磁测厚仪对井下油管进行腐蚀冲蚀检测，取得井下真实的腐蚀速率。

对于区块的典型井，应采用腐蚀挂片法进行腐蚀监测，推荐做法为：

（1）监测点：井口采油树、旁通试验管；

（2）监测方法：腐蚀挂片法，监测均匀腐蚀和点坑腐蚀程度。

腐蚀速率计算公式为

$$K_w = (W_o - W)/(S \times T)$$

式中　K_w——腐蚀速率，$g/(m^2 \cdot h)$；

　　　W_o——测试前挂片重量，g；

　　　W——测试后挂片重量，g；

　　　S——挂片表面积，m^2；

　　　T——测试时间，h。

由 K_w 可计算求的年腐蚀速率

$$v = 8.76K_w/r$$

式中　v——年腐蚀速率,mm/a;

　　　r——金属重度,g/cm³。

第五节　井口装置及安全控制技术

储气库运行是注气和采气两个过程交替进行的,要求井口必须承受高压、高温,并具有一定的耐腐蚀性,同时应具有较好的气密封性能。相国寺储气库设计井口最大注气压力不超过30MPa,根据现行井口标准,选择35MPa采气井口即可满足安全要求,其基本要求为:井口装置能适应相国寺储气库使用工况,如温度、压力、配产、腐蚀性气体及后期动态监测要求;双翼阀双主阀结构,法兰式连接;主密封均采用金属对金属密封;油管头四通与生产套管的密封为全金属密封;井下安全阀控制管线可实现整体穿越;采气树出厂前必须进行水下整体气密封试验,确保采气树的质量;闸阀为全通径,双向浮动密封闸门;主通径与生产管柱配套。

一、定向井注采井口装置

相国寺储气库定向井注采气量不高于 $150 \times 10^4 \mathrm{m}^3/\mathrm{d}$,常规"十"型井口即可满足注采要求(图4-32)。其主要技术规格为:额定工作压力,35MPa;额定温度, $-29 \sim 121\,℃$;气密封试验压力,35MPa;连接油管规格, $\phi114.3\mathrm{mm}$ 、6.88mm、钢级80S;采气树主阀与翼阀通径103.2mm;套管闸阀通径77.8mm;产品性能级别,PR2;产品规范级别,PSL3G;材料类别,EE;连接形式,API6A19版;特殊要求为气密封检测、井下安全阀控制管线可整体穿越。

图4-32　定向井注采井口装置示意图

二、水平井注采井口装置

相国寺储气库水平井注采气量达$(200 \sim 450) \times 10^4 m^3/d$，为减少井口冲蚀，推荐采用整体式"Y"型采气井口装置(图4-33)，确保高产量生产时井口平衡、安全。其主要技术规格为：额定工作压力，35MPa；额定温度，$-29℃ \sim 121℃$(P-U级)；气密封试验压力，35MPa；连接油管规格：$\phi 177.8mm$、10.36mm、钢级80S；采气树主阀与翼阀通径161.9mm；产品性能级别，PR2；产品规范级别，PSL3G；材料类别，EE；连接形式，API法兰连接；特殊要求为气密封检测、井下安全阀控制管线可整体穿越。

图4-33　水平井注采井口装置示意图

三、安全控制系统设计

(一)安全控制系统的功能要求

地下储气库注采井的安全控制系统应具有以下功能：
(1)在发生火灾情况下，可以自动关井；
(2)在井口压力异常时，可以自动关井；
(3)在采气树遭到人为毁坏和外界破坏时，可以自动关井；
(4)在发生以上意外，自动关井没有实现时，或者其他原因需要关井时，可以在近程或远程实现人工关井；
(5)要能够实现有序关井，保护井下安全阀。

(二)安全控制系统的主要设备

安全控制系统主要由井下和地面设备组成，结构示意图如图4-34所示，井下由安全阀和封隔器配套形成井下防线，地面由地面安全阀和传感器以及控制盘组成。主要设备如下：
(1)井下安全阀；
(2)地面安全阀；
(3)采集压力信号的高低压传感器；
(4)熔断塞；

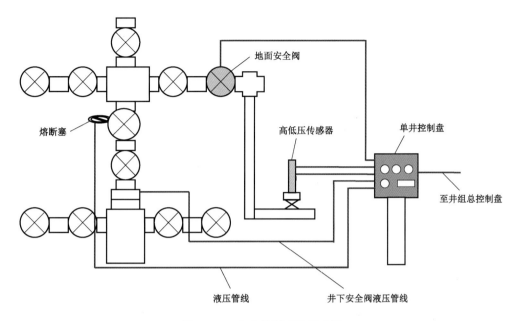

图 4-34　安全控制系统示意图

（5）紧急关井用的紧急关断阀；

（6）单井控制盘和井组的总控制盘。

（三）安全控制系统的安装方式

安全系统的安装有两种方式：单井控制和多井联合控制方式。

（1）单井控制就是每一口井的安全设备自成系统，不与其他井发生联系。

单井控制系统能监控井下和井口压力传感器的工作状态，在压力超出规定高压或低压范围、现场起火或有害气体泄漏等情况时，自动地对要求紧急关闭的报警信号做出快速反应，实现自动紧急关井。单井控制的优点是简单、有效。它可以无须安装控制盘，各个设备直接控制井下安全阀和地面安全阀的关闭。

（2）多井联合控制就是通过一个控制盘控制一个井组。多井联合控制适用于井口较集中的陆上丛式井井场和海上平台。

结合相国寺储气库注采井布置特点，推荐采用单井和多井联合控制相结合的形式，这种形式的优点是可以在紧急情况下统一关井，如个别单井发生问题不影响其他井的正常生产。安全控制系统要与地面设计紧密结合，既满足完井工程整体安全控制要求，又符合地面工程的要求。

第五章　相国寺储气库注采工艺技术

第一节　注采工艺设计原则

相国寺储气库注采工艺设计原则:工艺流程顺畅,连续短捷;满足运输要求,运费能耗最小;布置紧凑合理,节约建设用地,利用自然条件因地制宜布置;满足卫生要求,有利环境保护;符合防护间距,确保生产安全。注采工艺设计主要包括注采集输系统、双向输气管道系统以及配套工程三部分。

一、注采集输系统

(一)注采井组

注采井设置为单井和丛式井组,新建注采气井 13 口、丛式井场 7 座。

(二)注采集输工艺

储气库正常生产时工作气量小、压力高;应急供气时工作气量高、压力低。注采集输工艺采用注采同管和注采异管相结合的同异管集输方案。正常季节调峰时采用注采异管方案,给中贵线应急供气时将注气管道和采气管道均作为应急供气管线,即注采同管和注采异管相结合的方案。

注气干线与采气干线采用同沟敷设,其中注气干线设计压力 30MPa、管线外径为 $\phi273mm$;采气干线设计压力 14MPa、管线外径为 $\phi273mm/\phi508mm$。

(三)集注站

相国寺储气库设置集注站 1 座,具有注气清管、过滤、分离、增压、计量和采气清管、分离、脱水、计量等功能。集注站注气规模 $1380\times10^4m^3/d$,采气规模 $2855\times10^4m^3/d$。

设置注气压缩机 8 台,单台轴功率 4000kW,压缩机采用电机驱动。采气采用节流膨胀制冷、低湿分离脱水工艺,设置 4 套 J - T 阀脱水装置,单套装置处理量为 $700\times10^4m^3/d$。

二、双向输气管道系统

(一)输气干线

相国寺储气库双向输气管道系统包括铜相线(铜梁站—相国寺)、相焊线(相国寺—旱土站)、旱白线(旱土站—白果树)。

1. 铜相线

铜相线是指中贵线(中卫—贵阳)铜梁分输站至相国寺储气库集注站之间的双向输气管

道,设计压力为 10MPa、管径为 ϕ813mm,管道材质为 L485MB,线路长度 84.2km,设计输气量 $2100 \times 10^4 m^3/d$。

铜相线是为储气库注气和中贵线调峰供气的输气管道,设线路截断阀室 5 座,其中监控阀室 3 座(其中 1 座与阴极保护站合建),监视阀室 2 座。共有大中型河流穿越 2 处,高速公路穿越 2 处,铁路穿越 2 处。

2. 相旱线

相旱线是指相国寺储气库集注站至川渝管网的南东段渡两线的旱土站之间的输气管道,设计压力为 6.3MPa、管径为 ϕ813mm,管道材质为 L485MB,线路长度 35.3km,设计输气量 $1700 \times 10^4 m^3/d$。

相旱线是为储气库集注站和川渝管网调峰供气的输气管道,设线路截断阀室 3 座,均为监控阀室 3 座。共有中型河流穿越 1 处,高速公路穿越 2 处。

3. 旱白线

旱白线是指川渝管网的南东段的渡两线旱土站至渡两复线白果树分输阀室之间的输气管道,设计压力为 6.3MPa、管径为 ϕ610mm,管道材质为 L485MB,线路长度 4.2km,设计输气量 $830 \times 10^4 m^3/d$。

(二)输气站场

相国寺储气库设置输气站场 2 座。铜梁站注气时集输规模 $1400 \times 10^4 m^3/d$,采气时集输规模 $2100 \times 10^4 m^3/d$;旱土站集输规模 $1700 \times 10^4 m^3/d$。

铜梁站接收中卫—贵阳线来气,一部分气体输往江津站方向,另一部分气体输往相国寺储气库;相国寺储气库向铜梁站供气调峰和应急工况下,铜梁站接收储气库来气,输往上游武胜站或者下游江津站。

旱土站接收相旱线的天然气,经过滤分离、计量、调压后分别输往老旱土站和渡两复线。

三、配套工程

配套工程主要包括:自动控制、通信、供电、给排水及消防等配套工程,以及生产辅助工程等。

自动控制系统以储气库周期性注采的生产操作、调度控制为中心,利用计算机及通信网络技术对天然气的输送和处理进行集中监视控制和调度管理。相国寺储气库综合计算机控制系统,由集散控制系统 DCS、安全仪表系统 SIS、火气系统 F&GS、站控系统 SCS、可编程逻辑控制器 PLC 和远程终端装置 RTU 组成,可以自动、连续地监视和控制储气库各站场的运行,实现储气库各井场、集注站和线路站场的生产、管理网络化和数字化。

相国寺储气库输气干线通信工程以 SDH 光传输系统为主用通信方式,卫星端站为备用通信方式。集气干线、站点采用光缆 + 工业以太网交换机方案,相国寺储气库 8 个井场、给水处理站及泵站和相国寺集注站站构成环网,保障气田各系统和储气库的正常运行。

第二节　注采能力设计

一、单井注采能力优化

气井合理注采能力是储气库设计的核心指标之一。气井生产时,流体从底层流入井底,从井底流动井口,再从井口流到地面流程,是一个连续的、相互协调的过程,因此需要采用系统分析的方法确定系统运行的协调点。气井节点分析法是运用系统工程理论基础知识,研究气藏、采气和集输工程压力和流量之间关系的方法。通过节点分析法,可以对系统运行参数进行优化,确定不同生产状态下气井最优控制气量。

(一)流入动态

气体从储层流入井内是比较复杂的过程,流体流动纵横交错,流动过程中渗流速度增大,没有很好的渗滤规律,导致产量与压力平方差是非线性规律。可以通过试井分析产能得到采气井流入动态曲线关系式。采气井的流入动态方程有指数产能方程式和二项式方程式两种。

1. 指数产能方程式

指数产能方程式如下

$$q_{sc} = c(p_r^2 - p_{wf}^2)^n \tag{5-1}$$

式中　q_{sc}——天然气产量,$10^4 m^3/d$;

　　　p_r——地层压力,MPa;

　　　p_{wf}——井底压力,MPa;

　　　c——产气指数,与产层渗透率、厚度、气体黏度和井底干净情况相关,$10^4 m^3/(d \cdot MPa^{-2n})$;

　　　n——渗流指数。

2. 二项式产能方程式

二项式产能方程式如下

$$p_r^2 - p_{wf}^2 = aq_{sc} + bq_{sc}^2 \tag{5-2}$$

式中　a——层流系数;

　　　b——稳流系数。

通过试井产能方程得到气井流入动态,根据井底压力,算出对应产气量。如已知地层压力,利用指数式或二项式产能关系式,任一井底压力对应得到一个天然气产量,据此可以绘制出一条完整流入动态曲线(IPR曲线)。它反映产量与井底压力的关系,也表示天然气从气藏流向井底的动态特征。IPR曲线能够直观展现气井产气量和压力的关系。

(二)流出动态

1. 井筒垂直管流计算

流体在油管内由井底到井口的流动为管内垂直流动,其流动状态可被描述为

$$p_{wf} = \left[p_{wh}^2 e^{2s} + \frac{c_1(e^{2s}-1)}{d^5} \right]^{0.5} \tag{5-3}$$

其中

$$c_1 = 1.3243\lambda_1(q_g T_{av} Z_{av}) \tag{5-4}$$

$$s = \frac{0.03415\gamma_g H}{T_{av} Z_{av}} \tag{5-5}$$

式中　λ_1——油管阻力系数;

q_g——产气量,$10^4 \mathrm{m}^3/\mathrm{d}$;

d——油管内径,cm;

p_{wf}——井底压力,MPa;

p_{wh}——井口压力,MPa;

T_{av}——垂直井内气流平均温度,K;

Z_{av}——井内气流平均压力、平均温度下的气体偏差系数;

γ_g——气体相对密度;

H——储层中部深度,m。

2. 流出动态曲线确定

气井流入动态曲线表示气井的井下动态,而气井的流出动态曲线反映了气井的地面特征。利用井底流压计算公式,在描述气井流体沿井筒从井底流到井口时,对某一直径的管柱,假如让保持定值,给出一个井口压力可对应得出气产量,由此可得到井底压力与产气量的关系,称为气井流出动态。通过该关系绘出的曲线就是流出动态曲线(OPR 曲线),能反映某地层压力下气井井口产能情况。

二、限制性流量计算

储气库单井注采气能力主要受地层渗流能力和井筒流动能力两方面因素控制。通过注采节点分析确定气井最大注采能力,在此基础上需要进行携液能力和抗冲蚀能力评价,确保管柱不出现冲蚀现象,气井能够稳定携液生产。

(一)携液能力计算

气井产水会增加井筒压力损失,当气流速度降低,不足以将产出水带出井筒就会造成井筒积液,影响气井生产甚至造成水淹死井,因此需要准确计算采气井临界携液流量,确保能够有充足的天然气流速把产出水从井底沿井筒携带至地面。

国内外常用的临界流速模型有 Duggan 模型、Turner 模型、李闽模型等。Duggan 模型是在统计数据基础上得到的气井临界流量表达关系式,虽然具有一定的实用性,但是没有考虑井筒条件和气藏存在差异,对于气井生产的临界流速不可能为常数。以 Duggan 模型临界流速思想为指导,1969 年 Turner 提出液滴模型,并认为它可以较精确地预测积液形成。Turner 假设高速流速携液下液滴是圆球形的,经过球形受力分析,得到了气井临界携液流速和流量公式。Turner 模型适用于高速雾流,适合于弱边水、采出气含水比较少的情况。李闽(2001)认为由于高速流体对液滴携带作用,这种气流携带作用导致了液滴上下存在一个不容易忽视的压力差。这个压力差会使圆球形液滴变为了椭球形,椭球形液滴更加容易被从井底携带至井口。不容易形成积液的原因是液滴具有更大地有效面积,所以这种模型的临界携液流速和流量都比球形模型更小。在我国气田现场运用表明,李闽模型更符合生产实际。

最小携液产量的计算公式为

$$q_{sc} = 2.5 \times 10^8 \frac{A p_{wf} v_g}{ZT} \tag{5-6}$$

$$v_g = 2.5 \times \left[\frac{\sigma(\rho_L - \rho_g)}{\rho_g^2} \right]^{0.25} \tag{5-7}$$

$$\rho_g = 3.4844 \times 10^3 \times \frac{\gamma_g p_{wf}}{ZT} \tag{5-8}$$

式中　q_{sc}——最小携液产量,$10^4 \text{m}^3/\text{d}$;

　　A——油管截面积,m^2;

　　p_{wf}——井底流动压力,MPa;

　　v_g——气流携液临界速度,m/s;

　　ρ_L——液体密度,kg/m^3;

　　σ——界面张力,mN/m;

　　γ_g——天然气相对密度;

　　Z——天然气偏差系数;

　　T——气流温度,K。

(二)抗冲蚀能力计算

一般采气井随着开发年限的增加,产能降低,产气量也随之下降,而储气库注采气井是阶段性的注采交替,产能和产气量不会有太大的变化。而且储气库的注采气量相对比较大,相国寺储气库日注采气量普遍高达百万立方米,由于井筒中流体流动速度很高,会对管柱产生冲蚀现象,影响管柱的使用期限。因此,必须考虑如何防止管柱冲蚀。所谓管柱冲蚀就是管材受到微小且松散粒子流的冲击作用,而出现磨损的一种现象。管柱冲蚀受井筒中流体流动速度和出砂量的控制。会产生管柱冲蚀对应的井筒流体流动速度,称为冲蚀流速。

(1)由于冲蚀流速受到诸多因素的影响,现在还没有很好的计算方法,一般应用比较多的是 API RP 14E 推荐公式,即

$$v_e = C/\sqrt{\rho_m} \tag{5-9}$$

式中　v_e——井筒中流体流动的速度,m/s;

　　ρ_m——混合物密度,kg/m^3;

　　C——常数,$100 \sim 150$。

(2)受冲蚀流速约束的油管通过能力计算公式为(C 值选取为122):

$$q_e = 77460 \times A \sqrt{\frac{p}{ZT\gamma_g}} \qquad (5-10)$$

式中　q_e——受冲蚀流速约束的油管通过能力,$10^4 \mathrm{m^3/d}$;

　　　A——油管横截面积,$\mathrm{m^2}$;

　　　p——油管流压,MPa;

　　　T——油管流温,K;

　　　Z——气体偏差系数;

　　　γ_g——天然气相对密度。

三、合理注采流量计算

首先利用节点分析方法获得流入和流出相协调的最大流量,再利用临界携液流量、最大冲蚀流量来进行综合评价,确定合理注采流量。流程如图5-1所示。

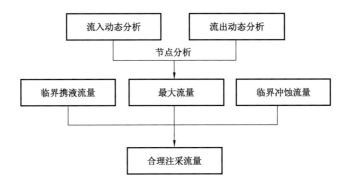

图5-1　合理注采流量确定流程

四、注采能力设计

(一)理论注采能力

1. 最大采气量

按中等水平储层产能方程建模,选取井底为节点,采用节点分析法计算在不同地层压力条件下,$\phi76\mathrm{mm}$、$\phi100.53\mathrm{mm}$、$\phi112\mathrm{mm}$、$\phi159.42\mathrm{mm}$ 油管在井口定压条件下所能达到的最大采气量,井口定压按井口输压7MPa,计算结果见表5-1、图5-2。

表5-1　最大采气量预测(井口采气压力7MPa)

地层压力（MPa）	最大采气量($10^4\mathrm{m^3/d}$)			
	$\phi76\mathrm{mm}$ 油管	$\phi100.53\mathrm{mm}$ 油管	$\phi112\mathrm{mm}$ 油管	$\phi159.42\mathrm{mm}$ 油管
28	130.8	183.4	196.5	214.2
26	118.5	164.9	176.6	193.8
24	106.3	147.2	157.8	173.6

地层压力 (MPa)	最大采气量(10⁴m³/d)			
	$\phi76mm$ 油管	$\phi100.53mm$ 油管	$\phi112mm$ 油管	$\phi159.42mm$ 油管
22	94.3	130.5	140.1	152.9
20	82.0	113.4	121.0	132.4
18	70.0	95.6	102.2	111.5
16	59.9	78.5	83.1	90.7
14	39.8	59.7	63.2	67.6
13.2	39.6	51.9	54.8	58.6

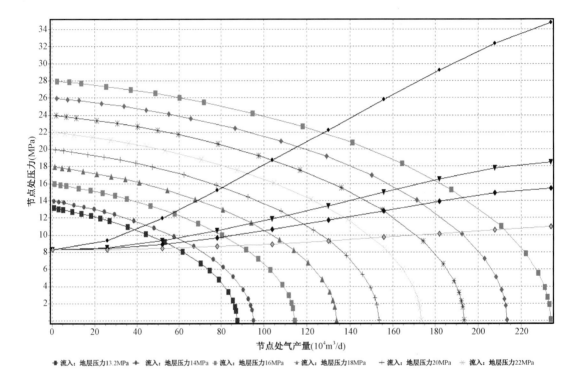

流入：地层压力13.2MPa　流入：地层压力14MPa　流入：地层压力16MPa　流入：地层压力18MPa　流入：地层压力20MPa　流入：地层压力22MPa
流入：地层压力24MPa　流入：地层压力26MPa　流入：地层压力28MPa　流出：$\phi76$　流出：$\phi100.53$　流出：$\phi112$　流出：$\phi159.42$

图 5 - 2　采气能力预测(井口定压 7MPa)

2. 最大注气量

按 X25 井产能方程建模,选取井底为节点,采用节点分析方法计算在不同地层压力条件下,$\phi76mm$、$\phi100.53mm$、$\phi112mm$、$\phi159.42mm$ 油管在定井口注气压力条件下所能达到的最大注气量,计算结果见表 5 - 2、图 5 - 3。

表 5 - 2　最大注气量预测(井口注气压力 30MPa)

地层压力 (MPa)	最大注气量(10⁴m³/d)			
	$\phi76mm$ 油管	$\phi100.53mm$ 油管	$\phi112mm$ 油管	$\phi159.42mm$ 油管
28	92.35	129.79	141.61	153.44
26	114.47	158.43	169.21	184.01

续表

地层压力 （MPa）	最大注气量($10^4 m^3$/d)			
	ϕ76mm 油管	ϕ100.53mm 油管	ϕ112mm 油管	ϕ159.42mm 油管
24	127.47	175.77	187.4	202.71
22	136.76	190.01	204.68	222.42
20	145.43	203.01	216.51	234.25
18	153.48	213.54	228.34	248.04
16	160.29	222.83	238.19	259.87
14	165.24	230.26	246.08	269.72
13.2	153.2	219.1	237.1	264.4

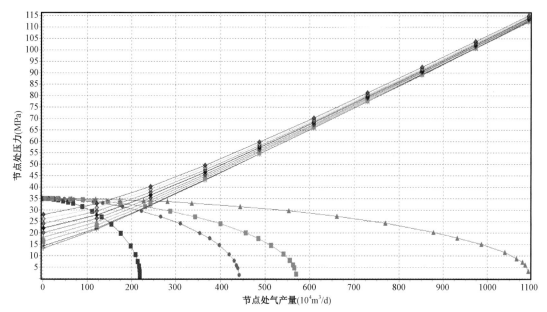

图 5-3 注气能力预测（井口注气压力 30MPa）

3. 结果分析

（1）采气时，在相同地层压力条件下定井口压力生产，油管内径越大，地层压力越高，则注采井的采气能力越大；油管内径一定，注采井的采气能力则随井口定压的增大而减小。

（2）注气时，在相同地层压力和注气压力不变条件下，油管内径越大，地层压力越低，则注采井的注气能力越大；油管内径一定，注采井的注气能力则随井口注气压力的增大而增大。

（3）相国寺储气库注采井，采用内径 ϕ100.53mm 以上油管完全满足采气（50～150）×10^4 m³/d 和注气（50～100）×10^4m³/d 的注采气量要求。

(二)井筒内压力损失

1. 采气时井筒内压力损失

按中等条件储层的产能方程建模,分别计算注采井采用内径 $\phi76mm$、$\phi100.53mm$、$\phi112mm$、$\phi159.42mm$ 油管在不同采气量下井筒内的压力损失,结果见表5-3、图5-4。

表5-3 采气时井筒内压力损失(地层压力28MPa)

采气量	井筒内压力损失(MPa)			
($10^4m^3/d$)	$\phi76mm$ 油管	$\phi100.53mm$ 油管	$\phi112mm$ 油管	$\phi159.42mm$ 油管
40	4.9	4.4	4.4	4.3
50	5.3	4.5	4.4	4.2
60	5.7	4.5	4.4	4.2
70	6.3	4.6	4.4	4.2
80	7.0	4.7	4.4	4.1
90	7.8	4.8	4.5	4.1
100	8.8	5.0	4.5	4.0
110	10.8	5.1	4.6	3.9
120	11.9	5.4	4.6	3.9
130	14.5	5.6	4.7	3.8
140		5.9	4.9	3.7
150		6.3	5.0	3.6
160		6.8	5.2	3.5
170		7.4	5.4	3.4
180		8.4	5.7	3.3

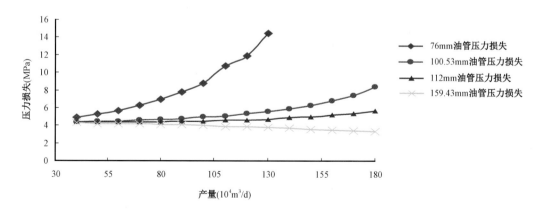

图5-4 采气时不同内径油管井筒内压力损失(地层压力28MPa)

2. 注气时井筒内压力损失

计算注采井采用不同内径油管,井口注气压力随注气量的变化情况,结果见表5-4、图5-5。

表5-4 注气时井口注气压力计算(地层压力28MPa)

注气量 (10⁴m³/d)	井口注气压力(MPa)			
	ϕ76mm 油管	ϕ100.53mm 油管	ϕ112mm 油管	ϕ159.42mm 油管
50	26.14	25.34	25.24	25.12
60	26.91	25.79	25.64	25.47
70	27.77	26.28	26.08	25.85
80	28.72	26.81	26.55	26.26
90	29.76	27.37	27.05	26.68
100	30.87	27.98	27.58	27.14

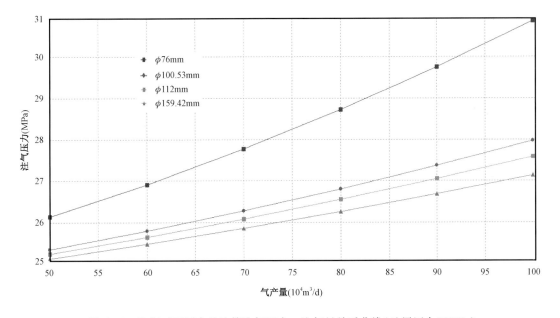

图5-5 注气时不同内径油管注气压力—注气量关系曲线(地层压力28MPa)

3. 结果分析

(1)油管内径一定时,注采井随着注采气量的增大,井筒内压力损失增大;若注采气量一定时,则随着油管内径的增大,注采井的井筒内压力损失减小。

(2)在相国寺储气库工作参数范围内,即地层压力13.2~28MPa,采气量(50~150)×10⁴ m³/d,注气量(50~100)×10⁴m³/d,内径 ϕ76mm 油管井筒内的压力损失明显高于内径 ϕ100.53mm 以上油管,而油管内径从 100.53mm 增大到 159.42mm,井筒内的压力损失变化幅度较小。

（三）油管抗气体冲蚀能力

分别计算内径 $\phi76mm$、$\phi100.53mm$、$\phi112mm$、$\phi159.42mm$ 不同管径下的冲蚀临界流量，井口流压在采气井口输压 7MPa 至运行方案预测采气最高井口压力 22.4MPa 范围内选取，结果见表 5−5。

表 5−5　相国寺储气库注采井冲蚀流量计算结果

井口流压（MPa）	$\phi76mm$	$\phi100.53mm$	$\phi112mm$	$\phi159.42mm$
7	66.6	116.5	134.9	266.2
8	72.5	126.9	147.0	290.1
9	77.7	136.0	157.5	310.9
10	82.7	144.7	167.6	330.7
11	87.4	152.9	177.2	349.6
12	91.9	160.8	186.4	367.5
13	96.1	168.2	194.8	384.4
14	100.1	175.1	202.8	400.3
15	103.8	181.6	210.3	415.1
16	107.2	187.6	217.3	428.9
17	110.4	193.2	223.8	441.6
18	113.3	198.3	229.8	453.4
19	116.1	203.1	235.3	464.3
20	118.6	207.5	240.4	474.4
21	120.9	211.6	245.1	483.8
22.4	123.9	216.8	251.2	495.7

以 X25 井建模，计算内径 $\phi76mm$、$\phi100.53mm$、$\phi112mm$、$\phi159.42mm$ 油管在采气过程中井口压力—产量关系曲线（数据见表 5−6 至表 5−9），与井口压力—临界冲蚀流量关系曲线的交点对应的注采气量即为该油管注采中过程满足防冲蚀要求的极限产量，分析结果如图 5−6 至图 5−9 所示。

表 5−6　内径 $\phi76mm$ 注采井采气井口压力—产量关系计算结果

井口流压（MPa）	冲蚀流量（$10^4m^3/d$）	内径 $\phi76mm$ 油管采气量（$10^4m^3/d$）				
		28MPa	25MPa	20MPa	15MPa	13.2MPa
7	66.6	130.4	112.7	82.6	51.7	39.6
8	72.5	128	110.1	79.3	47.1	34.2
9	77.7	125.3	107.0	75.5	41.5	27.1
10	82.7	122.2	103.5	71.0	34.4	17.4
11	87.4	118.6	99.6	65.7	25.2	—
12	91.9	114.8	95.1	59.6	11.5	—

井口流压（MPa）	冲蚀流量（$10^4\,m^3/d$）	内径 ϕ76mm 油管采气量（$10^4\,m^3/d$）				
		28MPa	25MPa	20MPa	15MPa	13.2MPa
13	96.1	110.4	90.1	52.5	—	—
14	100.1	105.6	84.5	43.8	—	—
15	103.8	100.3	78.1	32.9	—	—
16	107.2	94.5	71	17.5	—	—
17	110.4	87.9	62.8	—	—	—
18	113.3	80.7	53.2	—	—	—
19	116.1	72.6	41.5	—	—	—
20	118.6	63.4	25.9	—	—	—
21	120.9	52.4	—	—	—	—

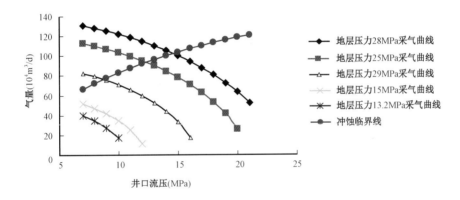

图 5-6　内径 ϕ76mm 油管抗冲蚀能力分析图

表 5-7　内径 ϕ100.53mm 注采井采气井口压力—产量关系计算结果

井口流压（MPa）	冲蚀流量（$10^4\,m^3/d$）	内径 ϕ100.53mm 油管采气量（$10^4\,m^3/d$）				
		28MPa	25MPa	20MPa	15MPa	13.2MPa
7	116.5	183.1	157.1	113.8	69.5	51.9
8	126.9	179.6	153.2	108.6	62.3	44.2
9	136.0	175.6	148.8	103	54.1	34.2
10	144.7	171.1	143.7	96.4	44.1	20.8
11	152.9	166	137.9	88.7	31.2	—
12	160.8	160.3	131.4	79.9	13	—
13	168.2	153.9	124.1	69.5	—	—
14	175.1	146.9	115.9	57.2	—	—
15	181.6	139.2	106.7	41.9	—	—

井口流压 （MPa）	冲蚀流量 （10⁴m³/d）	内径 φ100.53mm 油管采气量（10⁴m³/d）				
		28MPa	25MPa	20MPa	15MPa	13.2MPa
16	187.6	130.7	96.3	20.7	—	—
17	193.2	121.2	84.5	—	—	—
18	198.3	110.7	70.7	—	—	—
19	203.1	98.9	53.9	—	—	—
20	207.5	85.5	32.1	—	—	—
21	211.6	69.7	—	—	—	—

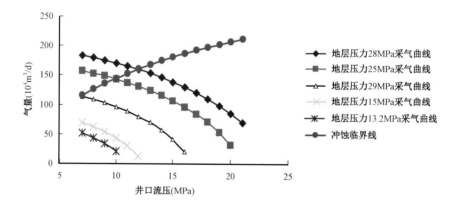

图 5-7 内径 φ100.53mm 油管抗冲蚀能力分析图

表 5-8 内径 φ112mm 注采井采气井口压力—产量关系计算结果

井口流压 （MPa）	冲蚀流量 （10⁴m³/d）	内径 φ112mm 油管采气量（10⁴m³/d）				
		28MPa	25MPa	20MPa	15MPa	13.2MPa
7	134.9	196.2	168.1	121.4	73.6	54.8
8	147.0	192.4	163.9	115.7	65.8	46.4
9	157.5	188.1	159.1	109.6	57.0	35.7
10	167.6	183.2	153.6	102.5	46.2	21.5
11	177.2	177.7	147.3	94.3	32.5	—
12	186.2	171.5	140.2	84.7	13.2	—
13	194.8	164.7	132.4	73.5	—	—
14	202.8	157.2	123.5	60.1	—	—
15	210.3	148.8	113.6	43.8	—	—
16	217.3	139.6	102.3	21.1	—	—
17	223.8	129.4	89.6	—	—	—
18	229.8	118.0	74.7	—	—	—

续表

井口流压 （MPa）	冲蚀流量 （10⁴m³/d）	内径φ112mm油管采气量（10⁴m³/d）				
		28MPa	25MPa	20MPa	15MPa	13.2MPa
19	235.3	105.3	56.7	—	—	—
20	240.4	90.8	33.3	—	—	—
21	245.1	73.7	—	—	—	—

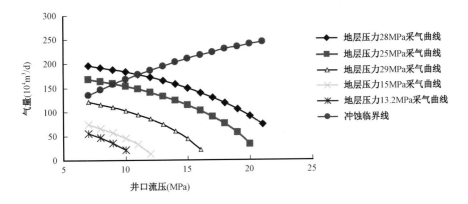

图 5-8　内径 φ112mm 油管抗冲蚀能力分析图

表 5-9　内径 φ159.42mm 注采井采气井口压力　产量关系计算结果

井口流压 （MPa）	冲蚀流量 （10⁴m³/d）	内径φ112mm油管采气量（10⁴m³/d）				
		28MPa	25MPa	20MPa	15MPa	13.2MPa
7	266.2	214.9	183.9	131.7	78.6	58.6
8	290.1	210.8	179.2	125.9	70.6	49.4
9	310.9	206	173.8	119.1	60.9	37.6
10	330.7	200.5	167.7	111.1	49.0	22.2
11	349.6	194.4	160.8	102.0	34.0	—
12	367.5	187.6	152.9	91.3	13.3	—
13	384.4	180.1	144.2	78.9	—	—
14	400.3	171.7	134.4	64.2	—	—
15	415.1	162.5	123.3	46.1	—	—
16	428.9	152.4	110.9	21.4	—	—
17	441.6	141	96.7	—	—	—
18	453.4	128.4	80.1	—	—	—
19	464.3	114.2	60.2	—	—	—
20	474.4	98.1	34.5	—	—	—
21	483.8	79.1	—	—	—	—

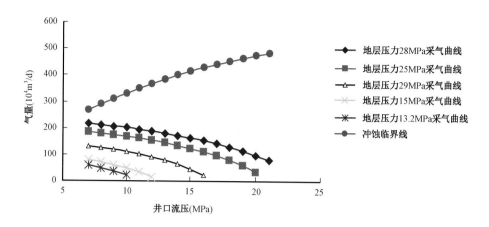

图 5 - 9　内径 ϕ159.42mm 油管抗冲蚀能力分析图

以上计算表明:

(1)油管的抗冲蚀能力随内径的增大、井口流压的增大而增大。

(2)不同地层压力条件下,对应的单井最大合理产量应以不超过冲蚀流量为限。如在储气库最高地层压力 28MPa 时,可以满足内径 ϕ76mm 油管合理产量约为 $100 \times 10^4 \mathrm{m}^3/\mathrm{d}$;内径 ϕ100.53mm 油管合理产量约为 $160 \times 10^4 \mathrm{m}^3/\mathrm{d}$;内径 ϕ112mm 油管合理产量约为 $177 \times 10^4 \mathrm{m}^3/\mathrm{d}$;采用内径 ϕ159.42mm 油管求合理产量约为 $215 \times 10^4 \mathrm{m}^3/\mathrm{d}$。

(四)油管携液能力

根据预测,相国寺储气库注采井在采气过程中的井底流压变化范围为 5.6 ~ 26.9MPa,因此,取井底流压 5 ~ 27MPa,计算内径 ϕ76mm、ϕ100.53mm、ϕ112mm 和 ϕ159.42mm 油管的携液临界流量,结果见表 5 - 10。

表 5 - 10　油管临界携液流量计算结果

井底流压 （MPa）	临界携液流量（$10^4 \mathrm{m}^3/\mathrm{d}$）			
	内径 ϕ76mm 油管	内径 ϕ100.53mm 油管	内径 ϕ112mm 油管	内径 ϕ159.42mm 油管
5	6.2	10.9	13.5	27.3
7	7.3	12.7	15.8	32.0
9	8.2	14.3	17.7	35.9
11	8.9	15.6	19.3	39.2
13	9.5	16.7	20.7	42.0
15	10.1	17.6	21.9	44.3
17	10.5	18.4	22.9	46.3
19	10.9	19.1	23.7	48.0
21	11.2	19.6	24.4	49.4

续表

井底流压 (MPa)	临界携液流量($10^4 m^3/d$)			
	内径 ϕ76mm 油管	内径 ϕ100.53mm 油管	内径 ϕ112mm 油管	内径 ϕ159.42mm 油管
23	11.5	20.1	24.9	50.4
25	11.7	20.4	25.3	51.3
27	11.8	20.6	25.6	51.8

分析表明,在相国寺储气库下限压力 13.2MPa 时,内径为 ϕ76mm、ϕ100.53mm、ϕ112mm 和 ϕ159.42mm 油管最小产气量达到 $40 \times 10^4 m^3/d$ 和 $50 \times 10^4 m^3/d$ 以上,地层压力高时,产气量更大,高于临界携液流量。因此,几种规格的油管能满足相国寺储气库注采井带液生产需要。

第三节　注采能力测试技术

一、测试工艺

储气库注采井注采能力是储气库工程设计中的关键参数,决定了储气库的最大应急调节能力,对已完钻的注采井开展准确的注采能力评价就显得尤为重要。这对于储气库方案优化、注采计划部署等具有重要意义。注采能力评价需要准确的注采井实测资料,一般的注采井采用常规气井的测试工艺能够满足技术需要,而相国寺储气库注采井由于自身的特点,常规工艺无法满足测试需要。首先相国寺储气库为以大斜度井和水平井为主,完井管柱结构复杂,常规绳索测试工艺无法输送测试仪器到达测试位置;其次相国寺储单井注采气量大,部分井高达 $300 \times 10^4 m^3/d$ 以上,同时面临注、采两种工况,绳索测试作业风险高。

水平井的生产监测面临三方面的困难,即测井工艺、传感系列选择及资料评价。相国寺储气库注采都是纯气,因此在传感系列选择及资料评价方面可以采用常规气井生产测井工具和解释方法。而如何将测井仪器送入水平注采层段是首先要解决的问题。目前主要开发了两种输送技术:井下牵引器输送工艺和连续油管输送工艺。

（一）井下牵引器输送工艺

井下牵引器输送工艺是近年开发的新技术,采用常规测井井口装置,在测井仪器后端连接井下牵引器(图 5 - 10)。牵引器与测井电缆连接,垂直井段靠仪器重量自然下放,进入造斜段仪器停止后,通过测井电缆供电并控制牵引器开始工作,由牵引器提供动力将仪器推送到目的段。然后通过地面控制断开牵引器电源,并为仪器供电,靠测井电缆上提仪器进行测井。

优点:牵引器依靠自身带有的电机提供动力,具有长度小、质量轻、运输方便、操作简单、可将井下仪器送到准确位置等优点,大大降低测井等井下作业成本。

缺点:输送动力较小、对井筒技术条件要求较高(套管内径规则、井筒内无杂物)、施工风险大。有的牵引器工作时需要电缆供电而只能上测和点测。牵引器采用马达等机械结构来推动仪器,当井底存在沉沙或缝、洞(裸眼完井)时,会使牵引器推送仪器失败。

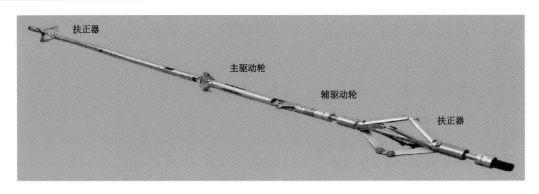

图 5 – 10   Sondex 牵引器

（二）连续油管输送工艺

连续油管输送工艺是将仪器直接安装在连续油管尾端，连续油管内部预先装入电缆（存储式测井仪器可用空油管），通过标准连续油管注入头使连续油管上、下运动，以带动仪器前移或回拉完成测井（图 5 – 11）。

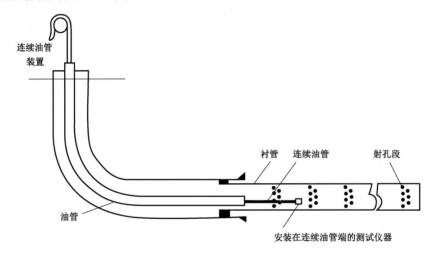

图 5 – 11   连续油管输送生产测井示意图

连续油管传送系统除了具有快速下入和取出井筒、实现恒速测试、连续循环井筒液体、应用增能循环液和不用额外的电缆或侧入套等优点外，它也有不少缺点。当推动仪器在水平井段前进时，仪器和油管与井壁的摩擦力会使油管弯曲，当水平层段超过一定距离时，更易发生这种情况。所以，连续油管不能传送沉重的下井仪走很长的距离。经验表明，连续油管在下有套管的水平井中能将重型测井工具推进 200m 以上，轻型生产测井工具推进 600m 左右。

优点：压力大的井可以用最少的地面设备进行测井，可以在大、中、小曲率半径的井中测井，同时具有输送动力大、成功率高和可以过油管作业的优点。

缺点：速度慢、水平输送距离有限。

（三）工艺方式选择

相国寺储气库水平段较短（一般不超过 200m），但注采气量大，对井下工具冲击力大，综合比较两种测试工艺的优缺点,优选连续油管测试工艺。采用存储式测试方式,将储存式测井仪器连接在连续油管的末端,通过连续油管将储存式测井仪器下入水平井段中,并通过拖动连续油管来进行生产井段的压力、温度、流量测试。这种测试工艺配套简单,施工简单,能够满足相国寺储气库注采能力测试的需要。

二、设备及配套工具

(一)设备

相国寺储气库注采井生产监测采用储存式测井工具组合(表 5 – 11),该组合主要包括旋转接头、柔性接头、电池包、存储模块(包含 CCL 磁定位)、自然伽马射线仪、扶正器、内嵌式流量计、PTF 压力温度流量计以及全井眼转子流量计。仪器采用高温锂电池供电,单根电池可维持全工具串测试约 100h。

表 5 – 11 储存式测井仪器性能参数

工具名称	主要功能	性能参数
旋转接头	可 360° 旋转,避免工具井底旋转造成脱扣	① 外径:38.1mm; ② 长度:140mm
柔性短节	① 最大弯曲角度 10°; ② 避免工具串过长造成卡阻	① 外径:34.925mm; ② 长度:510mm
电池包	提供所连接测井仪器电源	① 外径:34.925mm ② 长度:910mm; ③ 电池容量:13Ah; ④ 最高工作温度:165℃
储存模块	① 采集井下工具测量数据; ② 包含 CCL 磁定位系统	① 外径:34.925mm; ② 长度:1143mm; ③ 耗电量:24.3mA/h; ④ 储存容量:64MB; ⑤ 采样速率:1 个/s、12.5 个/s、25 个/s; ⑥ 最高工作温度:150℃; ⑦ 最高工作压力:103MPa
自然伽马射线仪	① 检测天然产生和人为制造的伽马光辐射; ② 测试自然伽马曲线校正深度	① 外径:34.925mm; ② 长度:914mm; ③ 耗电量:40.1mA/h; ④ 最高工作温度:175℃; ⑤ 最高工作压力:103.5MPa
PTF 压力温度流量传感器	① 采集井底压力、温度数据; ② 与流量计连接测量井底流速	① 外径:34.925mm; ② 长度:63.5cm; ③ 耗电量:40.8mA/h; ④ 最高工作温度:175℃; ⑤ 最高工作压力:103.5MPa; ⑥ 压力精度:±22kPa; ⑦ 温度精度:±1℃; ⑧ 流量精度:±2%

工具名称	主要功能	性能参数
全井眼转子	① 用于套管中测试井底流速； ② 带有可伸缩叶轮,可过油管进入套管中测量	① 外径:收缩 34.925mm,张开 127mm(5in 转子);177.8mm(7in 转子); ② 长度:508mm(5in 转子),736.5mm(7in 转子); ③ 最小工作尺寸:96.5mm(5in 转子),114.3mm(7in 转子); ④ 底限流速:1m/min; ⑤ 转子最小响应量:0.12r/s(1m/min 流速条件下); ⑥ 最高工作温度:175℃; ⑦ 最高工作压力:103.5MPa
扶正器	① 保持工具串移动时居中； ② 碳化滚轴,减少摩擦和磨损	① 外径:34.925mm(收缩),228.6mm(张开); ② 长度:965mm; ③ 支撑臂可调张力:0~45.4kg
内嵌式流量计	可测注采双向流量	① 阈限流速:8m/min; ② 外径:43mm; ③ 长度:790mm

(二)配套工具

配套工具主要是模拟通井工具。模拟通井工具用于仪器入井前通井,确保井筒通畅,保障施工安全。其规格为外径:38mm;长度:4450mm;材质:35CrMo(图 5-12)。

图 5-12　全尺寸通井工具实物图

三、测试作业技术

(一)测试方式

连续油管动态监测分为注气能力测试和采气能力测试两个阶段。第一阶段主要测试地层压力、温度;第二阶段主要测试在地面不同注气(采气)量下的井下流压、流温梯度以及流量。

为保证井下测试工具的起下安全,在测试工具入井前,先用连续油管连接全尺寸模拟通井工具进行通井,在确认工具无阻、无卡后进行测试作业。

（二）施工步骤及要求

1. 通井

（1）通井之前先检查井下安全阀开关是否正常，保证井下安全阀在测试期间处于全开状态。

（2）作业设备安装、调试、试压，连续油管连接全尺寸模拟通井工具串通井，模拟通井工具串见表5－12。

表5－12　模拟通井井下工具串

工具名称	外径（mm）		长度（m）	重量（kg）	扣型	备注
旋转接头	34.925		0.256	1.7	⅝in 抽油杆螺纹	
全尺寸通井工具	46		7.7	50	⅝in 抽油杆螺纹 － P 1¼in － 12UN － B	材质：35CrMo
柔性短节	43		0.18	2	1¼in － 12UN	
扶正器	最小	43	0.775	6.6	1¼in － 12UN	
	最大	244				

（3）通过井下安全阀时，下放速度小于5m/min，模拟工具串末端过安全阀20～30m后上提2～3根油管再次下放，每次均能顺利通过时，才能继续下放模拟工具串，如不能顺利通过，则终止施工。

（4）通井时在直井段（0～70m）下放速度小于25m/min。

（5）通井时在斜井段下放速度小于20m/min。

（6）通井时遇内径有较大变化或油管鞋处，下放速度小于5m/min。

（7）通井时在斜井段每下入100m，上提10m，检查遇卡阻情况，直至通至设计井深。

（8）按照直井段和斜井段下放的速度要求上提模拟通井工具串至防喷管。

2. 动态监测

（1）静压静温测试（采集速度12.5 个/s）。

对测试工具串进行调试设置，完成后将测试工具串与连续油管进行连接（表5－13）。

表5－13　动态监测注气测试井下工具串

工具名称	外径（mm）		长度（m）	重量（kg）	扣型	备注
旋转接头	34.925		0.256	1.7	⅝in 抽油杆螺纹	—
电池包	34.925		0.91	4	⅝in 抽油杆螺纹； ¹⁵⁄₁₆in － 10UN	容量：13Ah
存储模块 （包含 CCL 磁定位）	34.925		1.14	5	¹⁵⁄₁₆in － 10UN； 1¼in － 12UN	储存容量：64Mb；采集速度： 1 个/s、12.5 个/s、25 个/s
自然伽马仪	34.925		0.9		1¼in － 12UN	—
柔性短节	34.925		0.51	3.4	1¼in － 12UN	弯曲角度：10°
扶正器	最小	34.925	1.15	5.7	1¼in － 12UN	可调力臂张力：0～45.4kg
	最大	228.6				

工具名称		外径(mm)	长度(m)	重量(kg)	扣型	备注
在线流量计		43	0.79	5	1¼in-12UN	阈限流速:8m/min
扶正器	最小	34.925	1.15	5.7	1¼in-12UN	可调力臂张力:0~45.4kg
	最大	228.6				
PTF压力温度流量计		34.925	0.69	3.5	1¼in-12UN	压力测量精度:±3.2psi;温度测量精度:±1℃
5in全井眼流量计	最小	34.925	0.51	1.8	1¼in-12UN	阈限流速:1m/min(地下:13.3m³/d;地面:2000m³/d)
	最大	127				

连续油管连接测试工具串匀速下放至产层段底端处,直井段下放速度小于25m/min;斜井段下放速度小于20m/min;内径有连续变化或油管鞋处下放速度小于5m/min。

下放过程中直井段按500m间隔、斜井段和水平段按100m间隔停点测试,每一测点停留10min,测井筒及储层压力、温度。

(2)注气(采气)能力测试。

工具串调整深度至产层中部井深处。

开井注气(采),根据气井注采能力设置4个或以上稳定注气(采气)制度,每个制度稳定采气12h(稳定时间根据储层条件确定,参考井口高精度压力计和注采气量),连续录取井底压力、温度。

(3)剖面测试。

维持注气(采气)量稳定,以5m/min、10m/min、15m/min的速度对水平段产层段进行3趟匀速拖动测试(上提下放一个来回为一趟)。

(4)压力降落(压力恢复)测试。

将测试工具管串上提至产层中部井深处,关井,停留30h以上(关井时间根据储层条件确定),连续录取压力、温度。

(5)流温、流压测试。

维持注气(采气)量稳定,逐步上提测试管串,按500m间隔停点测试,斜井段和水平段按100m间隔停点测试,每一测点停留10min。

(6)数据回放。

完成点测后将测试工具拖入防喷管,关闭防喷器泄压、读取测试数据。

四、测试结果分析

大气量水平注采井的注采能力测试在国内尚属首次,获得一定的新认识。

(一)同一口井注气和采气能力之间有差异

注气和采气是两个不同的过程,注气过程中伴随的是地层压力增加,甚至地层孔隙的扩大;而采气过程伴随的是压力的降低和储层孔隙的压缩,但由于缺乏相关研究,在实际储气库方案设计中,采用同一个产能方程来描述两个过程,相关参数肯定存在一定的误差。利用连续油管测试技术,相国寺储气库现场获得了实际注采两个过程的产能方程。利用注采能力方程预测不同地层压力下储层的最大注采气量,对比发现,地层的注入能力大于采出能力(表5-14)。采用同一个产能方程去预测注采两个过程,部署注采计划,可能导致注气能力不足或者采气能力超出。因此,对相国寺储气库这类大注采气量井有必要对每一口井,以及单井的不同注采周期开展注采能力测试、评价,掌握每口井的潜力,为储气库的注采运行计划制定提供依据,保证储气库安全、平稳运行。

表5-14 某井最大注采气量对比

地层压力(MPa)	13.2	14	16	18	20	22	24	26	28
最大注气量($10^4m^3/d$)	920	910	881	847	808	763	711	651	579
满足冲蚀要求最大注气量($10^4m^3/d$)	485	490	510	531	543	557	565	568	570
最大采气量($10^4m^3/d$)	225	252	316	378	440	500	560	620	679
满足冲蚀要求最大采气量($10^4m^3/d$)	225	252	303	336	367	396	423	448	473

(二)大注气量下,近井地带呈现高速非达西渗流状态

在注采测试过程中,两口井在大注气量条件下,近井地带呈现高速非达西渗流状态,主要表现为温度、压力以及流量的波动。从图5-13可看出,注气量$100×10^4m^3/d$时,流量计曲线呈现的是相对平稳的曲线,当注气量到达到$200×10^4m^3/d$时,流量计曲线剧烈波动,表明产生了湍流。长时间处于这种湍流状态对近井地带的储层以及管柱安全可能产生影响,在注采过程中需要避免这种状态的出现,这也是单井注采能力评价的约束条件。

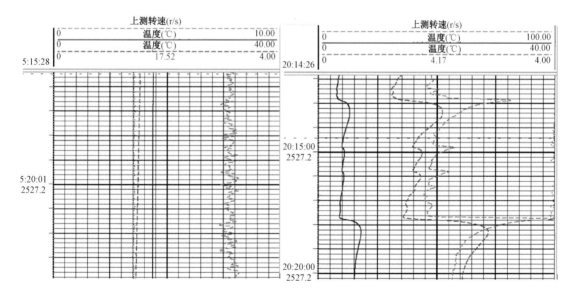

图5-13 井底流量波动对比

(三)周期注气后,近井地带储层温度降低

从静温测试结果看,在储层段普遍存在温度降低的情况,主要原因是由于注入气温度低,

长时间、大气量注入后,热交换不断降低井筒附近的储层温度。温度降低的程度、波及的范围和注气时间、注气量有关。储层温度降低会增加实际库容(图5-14)。

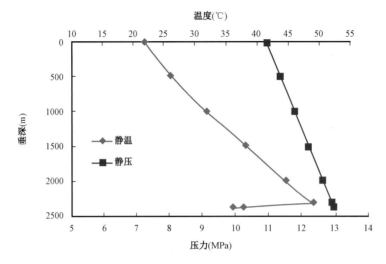

图5-14 某井静温、静压测试结果

第四节 注采运行评价技术

一、注采井井筒安全评价

井筒安全性评价主要是在环空压力风险等级判别的基础上,针对存在风险的气井开展力学分析和固井质量评价。气井井筒安全性评价主要有气井基本情况及环空带压状况调查和分析、环间压力风险评估、井筒安全屏障分析、管柱强度力学校核和固井质量评价等几个方面(图5-15)。

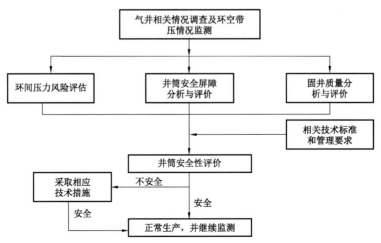

图5-15 井筒安全性评价技术流程

（一）气井基本情况调查和分析

气井基本情况和环空带压状况的调查和分析,主要是针对气井生产运行情况进行监测,初步确定是否出现异常情况,并对出现异常情况的环空放压取样分析,确定气源及其能量大小。

（二）井筒安全屏障分析

井筒安全性评价过程中,对井筒现有各级安全屏障的油管或套管柱在各种工况下是否发生力学失效以及固井水泥环是否满足封固要求进行分析和评价。

相国寺储气库注采井井身结构均为"五开五完",采用筛管完井,完井管柱带生产封隔器和井下安全阀。第一道安全屏障主要由井下安全阀、油管和永久式封隔器等相关工具组成;第二道安全屏障由生产套管、水泥环、套管头和采气树等组成;第三道安全屏障由技术套管、水泥环、套管头和采气树等组成。

（三）管柱强度力学校核

管柱强度力学校核主要是在安全屏障划分的基础上,按照各种实际工况,对完井管串及每层套管逐级进行力学分析,以确保各级套管屏障不发生力学失效。

（四）固井质量评价

固井质量评价主要是针对各级套管固井质量原始曲线进行分析,确定各级套管固井质量是否满足要求,如有不满足要求的井段要找出泄露通道和环空起压原因。

二、注采能力评价

由低压气藏改建的地下储气库,要经过多周期的多注气、少采气扩容过程,直至达容。扩容达产期由于评价注采性能资料少、运行状态不稳定、有效库容形成与控制难度大、注采矛盾逐步暴露。需要建立储气库注采井注采图版,明确各注采井不同地层压力下的合理注采气量,优化注采配产,加快扩容达产,不断提高气井注采气能力(图5-16)。

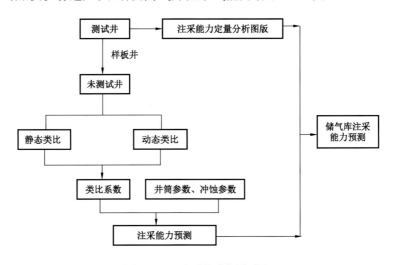

图5-16　注采能力评价流程

第六章　相国寺储气库老井评价与封堵技术

第一节　老井处理的基本原则与井筒评价

油气藏型地下储气库是利用已枯竭或接近枯竭的油气藏改建而成。库区通常存在较多油气藏开发过程中布置的各类生产井、探井及观察井等,受生产及气藏流体综合作用,该类老井整体质量发生改变,包括井口、井内套管质量、固井质量等井下复杂情况。在建库之前,如不采取合理有效的方法处理这些老井,将无法保证储气库的整体气密封性,导致储气库整体失效,并可能造成巨大损失。

相国寺储气库与目标储气层石炭系相关联的采气、注水、搁置观察井等共有 21 口,其中石炭系老井 8 口,非石炭系气藏老井 13 口。区域探井 X1 井于 1960 年钻完,石炭系气藏于 1977 年开始开发,老井使用年限长,井况条件复杂,老井处理结果会直接影响储气库的运行安全。针对这些老井,需根据老井处理基本原则,建立合理的评价流程,确定老井状况,根据评价结果判断老井是进行修复利用还是永久性封堵。

一、基本原则

相国寺石炭系作为典型的枯竭型油气藏转建储气库,在建库时,充分考虑储气库高气密封性要求,确立了统一的老井处理基本原则,同时充分收集待处理老井资料,针对不同井况,制定具有针对性的处理措施。

1. 老井单井处理方案可行性判定是储气库选址必备前提

根据评价资料要求,要掌握全面、准确的待处理老井相关工程、地质资料,排查气藏所有老井中是否存在目前修井工艺无法有效处理的井,如裸眼井、侧钻井、工程报废井及井下极端复杂无法有效治理井。若存在该类井,需论证无法有效处理时是否会影响储气库整体建设质量。这项工作要求包括库区所有老井,都要进行单井论证、判定。论证及判定结果作为储气库选址必备前提条件。

2. 老井处理优先考虑先进、成熟可靠的工艺及装备

储气库注采强度高,压力变化大,注采系统的完整性、可靠性决定了储气库的寿命和运行效果。作为注采系统的一部分,储气库老井处理应采用先进、适用、成熟可靠的技术和装备进行建设,减少部分新工艺及装备存在的不确定性,确保储气库安全、可靠、高效运行。

3. 老井修复应具备充分的地质认识及完好的井筒条件

除了需要考虑老井所处构造位置外,老井修复再利用还需对利用层位、备选井井筒条件进行筛选,应必须满足三个条件。

(1)储气层及盖层段水泥环连续优质胶结段长度不小于 25m,且其上固井段合格率不小于 70% 。

（2）再利用油层套管需进行套管剩余强度校核或评估,结果应满足储气库实际运行工况,若油层套管剩余强度不足,需补下小套管。

（3）油层套管应采用清水介质进行试压,试压值为设计储气库运行上限压力 1.1 倍,30min 压降小于 0.5MPa 为合格。

在老井修复再利用过程中,如现场工程作业检查发现,单井不具备上述三个井筒条件,则该井需采取永久性封堵处理措施。

4. 老井封堵需严格分类,并制定针对性单井方案

（1）封堵后防止天然气沿井筒内及固井水泥环外窜至井口,影响周边环境安全。

（2）合理的封堵措施,确保储气层纵向上与其他层之间不窜,确保储气库整体密封性,保证注采气不损失,同时也避免其他层流体不对储气层造成流体污染。

（3）储气层顶界以上水泥封堵方式应根据本井检测、评价结果确定,要求储气层顶界以上连续灰塞长度不小于 300m。若本井储气层顶界以上固井水泥返高大于 200m,且储气层顶界盖层以上连续优质水泥胶结段大于 25m,可直接分段注入连续灰塞。若储气层顶界以上固井水泥返高小于 200m 或连续优质水泥胶结段小于 25m,应对储气层顶界以上盖层段进行套管锻铣,锻铣长度不小于 30m,锻铣后分段注入连续灰塞。

（4）若老井钻穿了储气层以下渗透地层,应对以下渗透地层及隔层采取封堵措施,防止注采气下窜或下部地层流体上窜。

（5）根据井筒状况及储气层岩石特征,选择相应的封堵工艺。封堵后应满足储气库多个注采周期、高低应力交变条件下的永久密封工况要求。

二、资料收集要求

相国寺储气库在建前开发时间长,多数老井处于关停待报废状态,由于气藏介质含酸性气体并产少量地层水,长期生产开发导致井下可能存在落物、套管变形受损、油管腐蚀穿孔断落等复杂情况,同时,井口、周边环境也发生了较大变化。因此,掌握准确、完善的老井资料是老井处理的必备前提。

评价资料收集可分为三个阶段。(1)钻井资料复查与确认,主要包括老井井身结构、套管组合、原有固井质量解释及钻井事故记录与描述等。(2)开发资料复查与确认,主要包括试油资料、生产资料及历次井下作业情况,了解开发过程中的套管完好情况、井底落物情况、地层压力情况等。(3)地面情况踏勘,确认老井井位、井口状况、井场、周边环境及进出场道路等。

1. 单井地质资料

包括目前已开发层位、井深、渗透率、温度、压力、地下水资源及流体性质等。相国寺储气库老井地质纵向上已开发茅口组、长兴组及石炭系。石炭系埋深在 2500m 左右,储集空间可分为孔隙、洞穴及裂缝三大类,其中孔隙为主要的储集空间,次为裂缝、洞穴,气藏气质纯,天然气组分以甲烷为主,含量 97.05% ~ 98.14%,非烃含量低,不含或微含硫化氢,二氧化碳含量只有 0.1% ~ 0.36%,原始地层压力为 28.734MPa,属于正常地温梯度,相国寺储气库老井资料见表 6 - 1。

表 6-1　相国寺储气库待处理老井地质资料表

井号	层位	产层段（m）	井深（m）	压力系数	$H_2S + CO_2$（g/cm³）
X14	石炭系	2222.50~2230.50	2232.53	0.20	0.005 + 6.998
X12	石炭系	2620.00~2637.50	2101.68（桥塞）	0.09	0.006 + 4.644
X16	石炭系	2282.50~2295.00	2301.35	0.19	0.004
X18	石炭系	2306.00~2315.00	2331.00	0.10	0.005 + 6.261
X25	石炭系	2452.80~2463.00	2467.00	0.08	0.002 + 7.142
X30	石炭系	2276.50~2284.00	2466.47	0.10	0.003 + 6.445
X10	长兴组	1800.00~1809.20	1954.62（桥塞）	1.00（长兴组）	0.047 + 3.207（石炭系）
	石炭系	2510.00~2523.00			
X1	茅口组	1871.46~2076.00	2076.00	0.18	0.052 + 1.710
X4	茅口组	2007.00~2010.00	2191.55	0.14	3.168 + 4.765（参考 X26）
X5	长兴组	1570.00~1586.00	1650.83	1.07	无资料
X6	长兴组	1585.00~1600.00	1972.22	0.30	0.031 + 0.18
	茅口组	1910.00~1920.00			
X7	茅口组	1975.47~2080.80	2080.80	0.10	0.104 + 1.841
X20	长兴组	1741.00~1776.00	1836.18	0.18	0.031 + 0.18
X23	飞仙关组	—	1862.19（鱼顶）	—	0.031 + 0.18
X31	茅口组	2519.90~2554.00	2587.80	0.05	0.473 + 3.13
X32	茅口组	3928.00~3912.00	3944.43（水泥塞）	0.59	微 + 1.362
	石炭系	4236.00~4222.40			
XQ1	嘉陵江组	1599.50~1652.00	—	—	—
XQ15	长兴组	1368.56~1630.00	1630.00	0.58	—
X8	长兴组	2810.00~2821.00	3830.00	1.16	4.76
X13	石炭系	2608.40~2616.40	2626.00	0.49	0.005 + 6.998
X15	茅口组	1823.33~1903.00	1903.00	0.137	0.11 + 1.62

2. 老井钻井及开发资料

包括钻井井史、完井报告、试油井史、历次修井资料、开发生产情况等。相国寺老井多为 $\phi 244.5\text{mm} \times \phi 177.8\text{mm} \times \phi 127\text{mm}$ 井身结构，历年修井次数较少，但也存在井下管柱因腐蚀性环境导致落鱼的现象。

3. 各层套管固井质量

包括固井质量测井资料，固井第一、第二胶结面情况，历次修井检查井筒内套管受损情况，B、C 环空带压情况等。相国寺老井均进行过试压，部分井存在固井质量不合格情况，需要采取针对性措施。

4. 老井井口情况

包括井位确定，井口装置型号、压力等级、是否有损，套管头型号、压力等级及井口附件是否齐全等。相国寺储气库老井井口现状较为复杂，大致可分为三类：阀组较齐全的井口（通常采用 CQ250 及修后 K Q65 - 35 采气井口）、简易井口、无井口。相国寺储气库老井一般井位明确，但井口存在不同程度腐蚀及部分闸阀失效现象。

5. 老井井场及周边环境

了解老井井场条件，进出场公路是否满足作业需要。周边是否紧邻人口密集区、高速公路、铁路、河道、水库、堤坝等。同时需了解库区地下矿产资源分布，如煤矿埋深、开采通道贯穿轨迹等。相国寺储气库库区位于重庆渝北区、北碚区境内，周边环境、井场公路条件较好，但区域存在地下煤矿资源，新井开钻、老井封堵均需做好安全提示，防止开采干扰。

三、井筒评价内容及方法

相国寺储气库老井处理前的井筒评价主要包括井眼轨迹复测、固井质量二次评价、套管剩余强度及承压能力分析等。通过分析评价结果，可以充分了解老井目前井况条件，及时采取具有针对性的处理措施。录取保存的资料既满足了数字化储气库建设需求，也有利于储气库运行后注采井的重新布置及出现问题的处理。

（一）井眼轨迹复测

为满足储气库数字化建库要求，同时保证库区新钻注采井井眼防碰需要，相国寺储气库老井在处理前均进行了井眼轨迹复测。复测方法通常采用陀螺仪测井和连续井斜方位测井。

1. 陀螺仪测井

陀螺仪测井技术是以动力调谐速率陀螺仪测量地球自转角速率分量和石英加速计测量地球加速度分量为基础，通过计算得出井筒的垂深、斜深、倾斜角、方位角、狗腿度等参数，并绘制井身轨迹曲线。

该技术有五个，主要用于以下五个方面。

（1）井眼轨迹测量，在钻杆内、套管内、油管内以及裸眼井中进行井眼轨迹测量；

（2）侧钻定向井，在老井或已完井段中进行开窗侧钻；

（3）丛式井定向，不受临井铁磁物质干扰，保证准确钻进方向；

（4）单、多点测斜；

（5）其他有磁性环境下的定向参数测量。

2. 连续井斜方位测井

连续井斜方位测井主要依靠连续测斜仪完成，其井下部分一般由一个测斜仪和一个井径仪组成。它能测量井斜的角度和方位及两个垂直且互不影响的井径信号，可用来确定井眼的位置和方向，并根据测得的方向数据，计算出真实的垂直深度。

相国寺储气库 21 口老井均对井眼轨迹进行了复测，录取了相关数据（表 6 - 2），图 6 - 1为 X7 井井眼轨迹复测图据。

表 6 – 2　X7 井井眼轨迹复测数据表

序号	井深（m）	垂深（m）	斜度（°）	方位（°）	真方位（°）	总方位（°）	总位移（m）	E 坐标（m）	N 坐标（m）	狗腿度[（°）/30m]
1	0	0	0.73	180.07	180.07	0	0	0	0	—
2	25	25	0.60	206.14	206.14	197.06	0.20	− 0.08	− 0.26	0.393
3	50	50	0.51	192.79	192.79	195.85	0.38	− 0.14	− 0.50	0.186
4	75	75	0.44	173.93	173.93	189.43	0.58	− 0.12	− 0.71	0.206
5	100	100	0.40	140.60	140.60	182.80	0.76	− 0.04	− 0.87	0.299
6	125	125	0.42	132.57	132.57	175.12	0.92	0.08	− 0.99	0.070

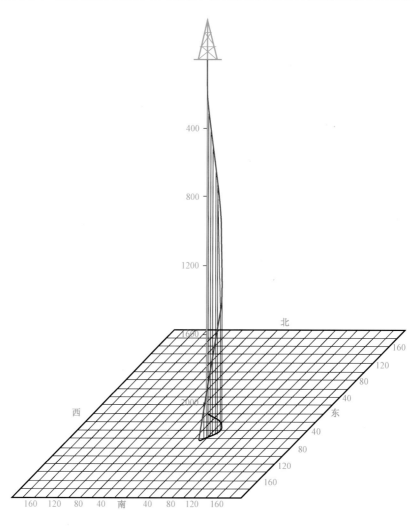

图 6 – 1　X7 井三维井眼轨迹复测图（单位：m）

（二）固井质量二次评价

通常，老井完井后均对固井质量进行过检测，但随着长期开发，部分老井水泥环材质失效及发生应力变化,表现为固井质量合格率下降,甚至水泥环无法封固套管环间及裸眼段压力,导致井口套管环间出现带压情况。这就需要在储气库老井处理前进行固井质量二次评价。通过固井质量评价检查,一是确定单井固井质量是否满足老井修复再利用条件;二是为封堵作业水泥塞、桥塞位置选择、套管水泥环处理位置选择提供必要依据。

目前国内外固井质量评价方法较多,如超声波成像测井技术(IBC)、声幅—变密度(CBL/VDL)测井技术、扇区水泥胶结(SBT 和 RIB)测井技术等。相国寺储气库采用了前两种技术。

1. 超声波成像测井技术

采用常规超声脉冲回波与挠曲波成像技术,通过对超声波脉冲回波和挠曲波波场的独立测量实现对套管环空环境的描述以及对不同类型水泥固井质量的评价。它可以全方位测量整个套管圆周,探测深度达 3in,可发现水泥环内的窜槽,确定固井作业是否达到有效的水泥封隔,还可以了解套管的居中情况和水泥厚度,辅助固井评价和后续工程作业。测井数据以三维方式显示,可直接观察套管腐蚀或变形、内径和壁厚的变化,验证入井管串结构。

2. 声幅—变密度测井技术

声幅测井曲线只能在一定程度上探测水泥与套管(第一界面)胶结好坏,而无足够的检查水泥与地层(第二界面)胶结情况信息,通常与变密度测井配合使用,可提供两个胶结面水泥环信息,但并没有完全克服声幅测井的缺点,纵向上分辨率无法提高,第二胶结面只能定性评价,固井质量评价结果会出现一定程度偏差。声幅测井技术原理见图 6-2。

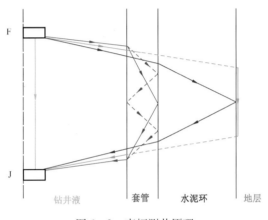

图 6-2 声幅测井原理

3. 扇区水泥胶结测井技术

该方法不受井内流体类型和地层影响,可确定井内绝大多数纵向上窜槽位置,直观显示不同方位的水泥胶结状况,不需进行现场刻度,也识别精度比声幅—变密度测井的识别精度。

4. 相国寺储气库固井质量评价方法优选

测井方法选择必须以固井质量识别精度为依据,并综合考虑施工作业成本。相国寺储气库一般,采用声幅—变密度测井对固井质量进行复测,同时为确保老井修复再利用质量,与超声波成像测井方法进行对比。

(三)固井质量评价

相国寺储气库在进行老井治理前,对 12 口老井 $\phi244.5mm$、$\phi177.8mm$ 和 $\phi127mm$ 套管(尾管)进行了声幅—变密度固井质量检测。结果发现,共有 7 口井固井质量合格(X8 井、X13井、X14 井、X15 井、X23 井、X30 井、XQ1 井);5 口井固井质量检测不合格(X5 井、X7 井、X12井、X15 井、X25 井)。其中,X13 井进行了(声幅—变密度测井和超声波成像测井)测试结果对比,对比结果发现,声幅—变密度测井结果显示 $\phi177.8mm$ 套管和 $\phi127mm$ 尾管固井质量均为合格,而超声波成像测井结果为全井段 85% 固井质量为差。

对比两种评价方法可知:

① 超声波成像测井对微间隙和窜槽区分不清;

② 超声波成像测井对双层套管的解释存在局限性,解释结果明显不合理。

（四）套管剩余强度评价及承压能力分析

储气库老井处理,特别是修复再利用时,必须对生产套管进行剩余强度分析。一是了解套管腐蚀情况,为封堵时水泥塞、桥塞位置选择提供依据,同时提供安全试压数据;二是检查修复再利用井套管强度,了解其抗内压参数是否满足储气库运行要求。

1. 井下套管检测技术

由于套管受到外力、化学腐蚀等因素的作用会引起套管变形、损坏,直接影响井的使用寿命。套管检测方法主要依靠测井手段,间接地或直接地判断管内的腐蚀及损坏情况,精确度高、直观性强、易于解释分析。国内外成熟的油套管损伤测井检测技术主要包括:井径系列、磁测井系列、声波成像测井系列、井下光学成像测井系列。

（1）套管壁厚变化。

套管壁厚变化主要通过电磁探伤测井技术获得（图6-3）,它利用电磁感应的原理对油套管损伤情况进行检测（监测）,根据仪器测量的主要物理量的差异可分为两类。一类是以测量金属管柱次生感应电动势相位变化为目的,利用金属管柱壁厚与次生感应电动势相位关系来计算金属管柱壁厚,判断金属管柱损伤。另一类是以测量金属管柱次生感应电动势幅度变化为目的,利用金属管柱壁厚与次生感应电动势幅度关系来计算金属管柱壁厚,判断金属管柱损伤。图6-3为油套管损伤测井检测工具。

（2）套管内径变化。

套管内径变化数据主要通过多臂井径仪测得,通过入井测量来检查套管变形、弯曲、断裂、孔眼、内壁腐蚀等情况,其测量数据大,能够所测对象形成立体图、横截面图、纵剖面图以及套管截面展开图等,可以直观地反映套管的井下状况。图6-4多臂井径成像测井仪工具构成。

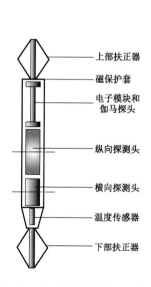

图6-3 油套管损伤测井工具结构

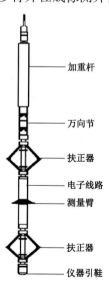

图6-4 多臂井径仪器构成

电磁探伤测井只是利用套管壁厚的变化对套管受损情况进行定量解释,不能直接反映套管内径及圆度变化,现场常采用电磁探伤测井与多臂井径仪测井配合使用,综合检测套管受损情况。

2. 套管剩余强度

套管剩余强度评价主要是对单井资料收集后,通过计算机模拟软件对测井解释数据、取样分析数据及室内模拟试验数据进行计算,确定套管薄弱点(带)分布情况,并计算出套管剩余强度。套管剩余强度计算要求录取的资料包括,井史资料、老井测井解释资料、现场套管取样试验数据(取套长度2~3m)等,分析内容主要包括5个方面。

(1)测井数据处理。通过测井数据解释,对比目前套管与新下套管的变化情况。

(2)几何尺寸分析。对所测套管进行薄弱点分析,找出目前套管薄弱点(带)。

(3)抗内压和抗外挤强度分析。

(4)室内评价套管材料强度折减。

(5)API螺纹的气密封性能分析。

为充分确保相国寺储气库套管安全,套管剩余强度安全系数取值规定,抗压安全系数不小于1.3,抗挤安全系数不小于1.35,并根据单井测井解释套管腐蚀及变形情况适当进行增大。

3. 套管承压能力评价

老井套管承压能力评价主要是通过现场试压方式来检查目前井内套管承压能力,以判断其是否满足修复再利用或安全封堵要求。通过套管承压试验,既能查找井内套管漏点及薄弱段,又能为封堵挤注施工提供依据。

对待处理老井,采用清水进行套管承压试验,承压试验值要求为设计储气库运行上限压力1.1倍及套管剩余评价强度80%中低值。在现场操作时,视井筒情况,可选择采用整体试压及封隔器分段试压工艺进行作业。

第二节 老井封堵工艺

储气库老井的永久性封堵,需要控制封堵过程风险点,主要包括储气层、井筒、固井水泥环及井口有效封闭,同时采用合理的完井方式确保封堵失效后的应急处理。储气层通常采用高性能暂堵剂配合超细水泥封堵;井筒则采用桥塞及常规G级水泥封堵;管外水泥环采用锻铣后挤注超细水泥封堵;井口采用完井采气树作为观察及控制手段。

一、技术难点

相国寺储气库开采时间长,待处理层位压力低,井下存在腐蚀性介质及井筒质量不好等问题给老井封堵作业带来以下四个方面技术难点。

(1)井下情况不清楚。位于相国寺储气库储气藏构造上的老井多为20世纪80年代初完井,甚至是60年代初期完井,完井时间跨度近50年,井内情况复杂。

(2)低压漏失情况严重。相国寺老井各打开层位普遍为超低压井,石炭系压力系数为0.08~0.19,其中X31井茅口组压力系数仅0.05,合理选择压井工艺及封堵工艺是确保相国寺储气库安全封堵的重点。

（3）作业中易出现井筒复杂。本次老井处理目标井均存在不同含量的 H_2S 及 CO_2，其中石炭系 H_2S 最高含量为 X10 井：$0.047g/cm^3$；X4 井茅口组（参考 X26 井气分析资料）H_2S 最高含量 $3.168g/cm^3$；石炭系 CO_2 含量最高为 X14 井：$6.988g/cm^3$。腐蚀性介质的存在往往导致井下管柱穿孔、断落及强度受损，同时影响套管剩余强度，增加作业难度。

（4）常规完井方式导致套管受损。储气库老井套管为非气密封螺纹，部分井固井质量不合格，套管水泥返升未到井口，光油管完井方式使得在腐蚀性环境下的套管未能得到较好的保护，套管存在不同程度的腐蚀。这些因素也为封堵作业带来更多风险。

二、封堵分类与方案

对相国寺储气库老井进行封堵分类，并制定出针对性封堵方案，同时单井设计时需根据单井具体井况，进行方案细化及调整。

（一）封堵分类

相国寺储气库老井封堵分类是以作业目标纵向层位进行划分，根据封堵目标层特点采用不同封堵措施，具体分类情况见表6-3。

表6-3　相国寺储气库老井封堵分类情况表

类别	分类标准	井号	合计井数
第一类	以相国寺储气层石炭系为目标层的封堵	X14、X16、X18、X25、X30	5
第二类	以储气层与非储气层共同作为主要目标层的封堵	X10、X12	2
第三类	以茅口组、长兴组等气层为目标层的封堵	X1、X4、X5、X6、X7、X20、X23、X31、XQ1、XQ15、X32	11

（二）封堵方案

（1）对于井底有落鱼或者套管变形或穿孔的老井，需对井底落鱼进行打捞，暴露待封堵层，对套管变形或穿孔井段进行整形、锻铣，再注水泥封堵。

（2）采用井筒内与井筒外封堵相结合的原则，保证气井整体封堵可靠性。

（3）井筒内采用水泥塞加桥塞封闭，根据电测情况调整封闭位置。凡不满足"储气层顶界以上水泥返高大于200m，且储气层顶界盖层以上连续优质水泥胶结段大于25m"的，均须对盖层井段进行锻铣，锻铣长度不低于30m。

（4）对于第一类封堵井，石炭系产层原则上采用复合堵剂及超细水泥进行封堵，要求石炭系顶界以上连续水泥塞厚度应不低于300m，见图6-5a。

（5）对于第二类封堵井，应对茅口组或长兴组进行补挤水泥，若原井石炭系未按储气层封堵要求进行封堵，需打开原封闭石炭系的水泥塞，对石炭系进行重新封闭，见图6-5b。

（6）对于第一、二类封堵井，封闭后井内塞面要求在井深 800~1000m，下入光油管完井，全井筒替为保护液，安装简易井口装置和压力表。

（7）对于第三类封堵井，封堵后空井筒完井，见图6-5c。

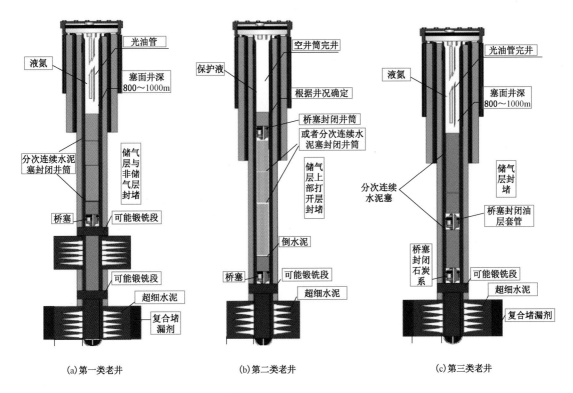

图 6 - 5　相国寺储气库老井分类封堵示意图

三、井下封堵工艺技术

为确保储气库老井封堵有效性,老井封堵通常采用多重封堵安全屏障:一是底板屏障,即在储层以下井段注塞,形成底板保护,防止注采气向下窜入其他渗透层;二是储气屏障,即采用超细水泥向储气层进行挤注封堵,确保储层近井地带无流体进入;三是顶板屏障,即对储层以上井筒内可能存在风险点进行封闭,形成顶板保护。此外,对不满足固井质量条件的井进行套管锻铣和补注水泥,切断可能泄漏点。由于储气库密封性能要求高,同时需满足注采交变应力变化,优选安全、有效的井下封堵工艺成为储气库封堵工作的重点。

(一)储气层封堵技术

1. 暂堵封堵技术

暂堵技术是一种利用暂堵剂在一定时间内封闭低压、漏失储层的压井保护技术。该技术通过选择合适的交联体系,在一段时间内,能够形成高强度和高黏度的冻胶,减少气体与压井液的置换,并克服地层压力,保证后续修井作业的安全可靠。如有必要,在修井作业结束后,向井筒里注入解堵液或酸液,使暂堵剂解堵,从而恢复井筒通道。

(1)储气库暂堵剂的作用。

针对诸如相国寺储气库等枯竭型油气藏,老井暂堵技术的应用主要有两个目的。一是储气层压力系数低、地层采出程度高,压井作业时,常规压井液易大量漏失,井筒内无法建立稳定液柱,目的层位气体迅速滑脱至井口,导致压井失败。二是在进行注水泥塞封闭储气层时,合理的暂堵施工可以防止水泥浆在初凝时间内大量漏失进入储气层,减少储气库库容,同时由于水泥浆漏失导致储气层封堵效果变差。

(2)暂堵剂性能要求。

要求暂堵剂配置简单,具有较好的可泵送性,便于现场施工,且稠化时间可控,可根据不同井况及不同施工时间进行调整,还要具备优良的防气窜及抗气侵性,防止作业过程中气窜影响施工安全及储层封堵质量。

(3)相国寺储气库暂堵剂。

相国寺储气库暂堵剂是使用在对储气层的压井暂闭上,以确保上部井筒作业安全。

暂堵剂 ZD-2 由 ZD-A 和 ZD-B 交联反应而成,成分主要是稠化剂和交联剂。25℃时,基液黏度 $100 \sim 300mPa \cdot s$,接触后快速交联,形成具有较高强度和韧性的乳白色冻胶,黏度可达 $30 \times 10^6 mPa \cdot s$ 以上(图6-6),形成胶体后可用于120℃以上地层,成胶时间48h内可调,破胶后黏度小于 $10mPa \cdot s$,破胶后,固相含量低于1%。

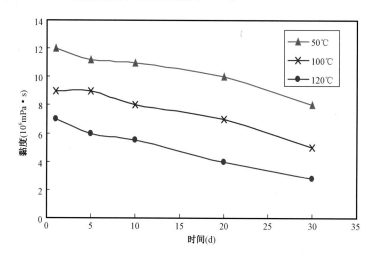

图6-6　放置时间对暂堵剂(ZD-2)强度的影响

采用试验方法评价暂堵剂强度受地层水矿化度的影响,强度等级试验采用国际通用方法:将比色管倒置,根据成胶体系的不同形态将凝胶强度从弱到强分为 A,B,C,D,E,F,G,H,I 共9个等级。依次为 A 代表完全没有凝胶;B 为高流动性,黏度增大;C 为流动胶,有轻微挂壁;D 为中等流动胶,明显挂壁;E 为低流动胶;F 为高变形流动胶;G 为中等变形流动胶;H 为低变形流动胶,无流动,有较短舌长;I 为刚性胶,无流动,无舌长。

实验条件:

高矿化度盐水:$NaCl(200000mg/L) + CaCl_2(10000mg/L)$,$T = 90℃$。实验结果见表6-4。

表6-4　矿化度对暂堵剂强度的影响

时间(d)	1	2	3	4	5	6	7
强度	I	I	I	H	H	H	H

实验结果表明,暂堵剂具有良好的抗盐性,在高矿化度盐水中,长时间内仍能保持较高强度。

相国寺储气库 X15 井茅口组储层孔隙空间发育连通性好,裂缝发育,裸眼段长 80m,地层压力 2.56MPa,压力系数 0.137,采用清水多次压井不成功,井口油套压均不为 0MPa,后选择 ZD-2 暂堵剂压井获得成功,为老井井筒处理打下良好的基础。

2. 封堵用水泥浆体系评价及优选

储气层封堵对水泥浆体系的性能要求,概括起来,是"能施工,流得动,进得去,堵得住,封得严",即,

(1)高温高压稠化时间满足封堵施工总时间 + 安全附加时间(一般为 1~1.5h)。配制的水泥浆稳定性好,防止出现较多游离水。(2)流变性好,保证水泥浆充分进入封堵部位。(3)失水量控制在 50~150mL,防止引起桥堵以及其他相关性能的恶化。(4)形成的水泥石渗透率低,强度足够高,有利于目的层的长期封固。(5)水泥干灰粒度较小,能穿透封堵层位较细小的缝隙深处。

按以上要求,对 G 级水泥、超细水泥及弹性水泥等 3 种不同配方水泥体系进行了常规性能评价、渗透率测试、干灰粒度测试,以及水泥浆通过窄缝的能力测试。

(1)试验条件。

高温高压稠化时间条件:50℃ ×39MPa ×37min。

API 失水实验条件:50℃ ×6.9MPa。

抗压强度实验条件:63℃ ×常压 ×48h。

高温高压养护实验条件:63℃ ×39MPa ×4d。

(2)常规性能测试。

水泥浆的常规性能包括密度、稳定性(游离液)、API 失水、流变性(流动度)、抗压强度以及高温高压稠化时间等,主要用于评价三种水泥浆是否满足"能施工,流得动,堵得住"三个要求,常规性能测试见表 6-5,稠化曲线见图 6-7 至图 6-9。

表 6-5　不同水泥浆体系常规性能对比

性能	G 级水泥浆	弹性水泥浆	超细水泥浆
密度(g/m^3)	1.7	1.7	1.7
游离液 mL	0	0	3
高温高压失水(mL/min)	51(50℃ ×6.9MPa)	34(50℃ ×6.9MPa)	85(50℃ ×6.9MPa)
流变性	常流 21cm,高流 22cm	常流 21cm,高流 22cm	常流 23cm,高流 24cm
抗压强度(MPa)	19.8(63℃ ×常压 ×48h)	18.8(63℃ ×常压 ×48h)	28(63℃ ×常压 ×48h)
高温高压稠化	0min/21Bc; 290min/40Bc; 293min/90Bc	0min/28.6Bc; 226min/40Bc; 246min/90Bc	0min/22BCc; 306min/40Bc; 314min/90Bc

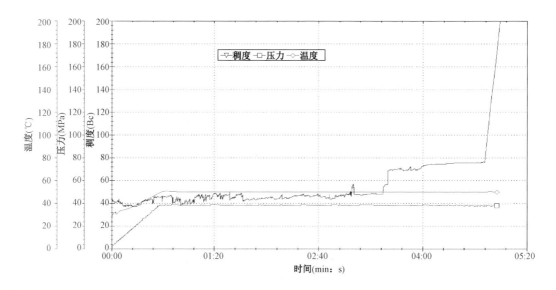

图 6-7 G级水泥浆稠化曲线

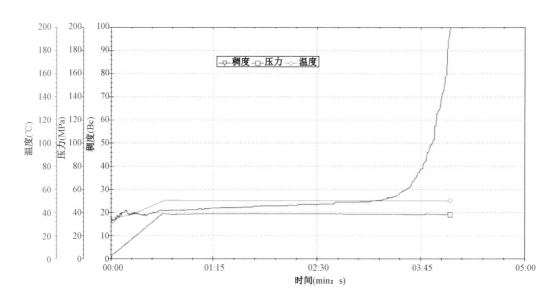

图 6-8 弹性水泥浆稠化曲线

对比可知,三种水泥浆体系常规性能均满足施工要求,其中超细水泥浆体系的流动度较大,48h强度最高,但该体系存在一定游离液,失水值较高,稳定性存在一定问题,其常规性能还有进一步改进的空间。

（3）渗透率测试。

水泥浆要对储气层进行有效封堵,从渗透率的角度,对封堵水泥"封得严"的性能进行评价,所使用仪器为致密岩心气体渗透率孔隙度测定仪。渗透率越低,水泥石越致密,越能保证封堵的严实性。表6-6是标准岩心测试后的数据。

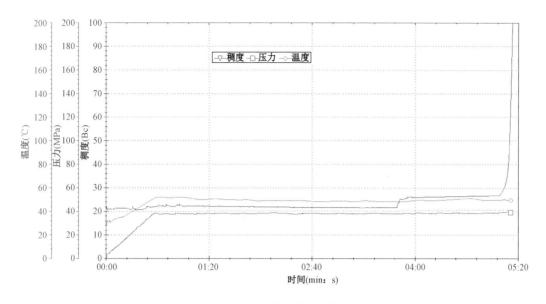

图 6 - 9 超细水泥浆稠化曲线

表 6 - 6 XC16 井石炭系岩心及封堵水泥渗透率数据

类别	气相渗透率（mD）
XC16 井石炭系岩心	0.2161
G 级水泥	0.0652
弹性水泥	0.0166
超细水泥	0.0031

三种水泥石的渗透率均明显低于 XC16 井岩心渗透率,表明水泥石比岩石更为致密,用水泥浆实现对目的层的封堵后,能增加目的层的严实性。超细水泥的渗透率明显低于 G 级水泥和弹性水泥的气测渗透率值,表明超细水泥石最为致密,能更好地对目的层实现"封得严"。

（4）粒度分析。

封堵水泥浆体系干灰颗粒的粒径越小,越容易进入封堵目的层。

采用激光粒度分析仪对三种水泥浆体系干灰进行粒度分析,分析三种水泥浆是否满足"进得去"的要求。

表 6 - 7 不同水泥类型干灰粒度分布数据

粒度中值	D10（μm）	D25（μm）	D50（μm）	D75（μm）	D90（μm）	D 平均（μm）
G 级水泥	3.23	8.02	21.79	44.50	77.95	31.10
弹性水泥	3.92	9.90	25.07	52.67	88.55	36.02
超细水泥	1.66	3.64	8.83	17.87	28.02	12.00

注:D 指筛下累积率。

由表 6 - 7 可知,超细水泥浆体系干灰颗粒的平均粒径（12μm）明显低于 G 级水泥浆体系（31.10μm）和弹性水泥浆体系（36.02μm）,能更好地实现"进得去"的工程要求。

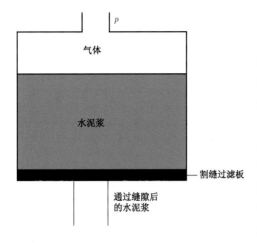

图6-10 窄缝通过能力评价原理

（5）窄缝通过能力。

分别测试三种水泥浆通过割缝过滤板后的水泥浆体积，比较不同水泥浆通过窄缝的能力，用以模拟封堵水泥浆进入目的层的难易程度，试验原理见图6-10。

G级水泥、弹性水泥在两种窄缝的通过实验中，通过百分率为10%～15%，通过后密度增加，说明水泥浆在通过窄缝过程中，浆体中的水被过滤相对较多；在窄缝中由于浆体颗粒物堵塞孔道，使浆体通过率较低。弹性水泥通过窄缝的通过率最低，超细水泥的通过率最高，表明在相同状况下，超细水泥能更深地进入封堵层（表6-8）。

表6-8 不同水泥浆体系通过窄缝能力评价实验

缝宽（mm）	类别	水泥浆体积（mL）	通过的体积（mL）	通过率	密度（g/cm³）	
					通过前	通过后
0.15	G级水泥	300	39	13%	1.7	1.75
	弹性水泥	300	30	10%	1.7	1.81
	超细水泥	300	258	86%	1.7	1.71
0.25	G级水泥	300	45	15%	1.7	1.73
	弹性水泥	300	36	12%	1.7	1.76
	超细水泥	300	285	95%	1.7	1.71

超细水泥体系的流动度较大，48h抗压强度较高，气测渗透率最低，干灰粒径最小，通过窄缝的能力最高，能充分满足相国寺储气库老井封堵"能施工，流得动，进得去，堵得住，封得严"的要求。

3. 储气层封堵施工技术

储气库储气层封堵主要采用高压挤注、带压候凝施工工艺。若单独采用水泥浆体系直接注灰，则漏失严重，无法建立有效塞面。单井施工时可根据现场录取压井数据调整方案，即在挤注水泥浆前，对产层进行暂堵，随后注入水泥浆，并关井带压候凝，通过封堵剂的屏蔽作用，隔绝地层水、气对水泥浆体系的侵蚀，提高封堵质量。

同时，挤注的封堵剂可以在打开层位的井周建立一定的承压空间，便于水泥浆体系在该范围内形成有效的封堵半径，当水泥浆凝固时，即使暂堵剂失效，也可以获得较好的储气层封闭屏障，有效降低储气层流体通过打开层进入井筒及固井水泥环胶结面的可能。

（二）井筒封堵技术

对于套管及固井质量评价较好、不需要进行套管及管外处理的老井井筒，在储气层封堵完毕后，综合考虑成本及建库要求，通常直接采用桥塞加水泥塞进行井筒封堵。

1. G级常规水泥封堵技术

实验数据表明,随着水泥浆密度增加,岩心气、水相渗透率呈下降趋势,G级油井水泥浆在密度 1.85g/cm³ 的情况下固化后气相渗透率可达 0.0465mD 甚至更低,能够满足储气库井筒封堵要求。

在考虑水泥石渗透率同时,水泥石抗压强度也需满足足够的抗压强度。如水泥石本体抗压强度不能有效承受储气库井筒内可能存在的交变应力,将无法保证老井的封堵效果。从相关实验数据表明,常规密度为 1.85g/cm³ 的 G 级水泥在 90℃、压力 25MPa 环境下养护 3 天,其抗压强度可以达到 21.4MPa,具有较好的抗压强度,能够满足相国寺储气库注采峰值要求。

需要注意的是,水泥石的强度会随时间、承受压力变化而发生性状改变,在水泥石充分凝固后,其抗压强度会随着时间的变化、所受压力交变影响而逐渐降低。因此,储气库老井处理后,需要采取适当的监测措施,对水泥石、井筒压力进行监控,发现问题及时处理。

2. 桥塞封堵技术

由于储气库封堵要求较高,为了提高水泥塞封闭质量,要充分利用桥塞承载水泥浆的能力及气密封能力进行封堵作业。目前,用于井筒封堵的桥塞主要是电缆桥塞及机械桥塞两种,均能满足储气库要求。需要注意的是,电缆桥塞通常为标准件,具有准确卡层、起下更快、方便等特点,而机械桥塞在不规则套管内的适用性更强。在储气库老井封堵作业过程中,要根据单井特点,灵活选择桥塞封堵工艺。

(三)套管外水泥环封堵技术

相国寺储气库老井开发年限长,腐蚀性介质长期影响套管内壁,致使套管不同程度受到伤害,同时固井水泥环长期承受地层压力、温度及流体性质影响,各层套管外固井胶结面质量均有所降低,水泥环出现微裂缝和破碎带,甚至整个水泥环完全失效,表现为井口监测到环间带压现象。套管外水泥环封堵技术即是采用有效的技术手段重新建立固井水泥环的过程,通常采用套管锻铣技术锻铣固井质量不合格井段的套管后再用超细水泥封堵井筒。

1. 套管外封堵用水泥浆

套管外封堵用水泥浆一是要满足封堵压力需要,二是要具备足够的微裂缝通过能力,便于封堵受损的固井水泥环。从实验数据可以看出,超细水泥具有相对最好的窄缝通过能力,能够很好地挤入裂缝,在此基础上,通过适当添加分散剂等材料,能够满足管外水泥环封堵。

2. 套管锻铣工艺

套管锻铣是采用套管锻铣工具将套管从设计需要位置截断,然后对套管及管外水泥环进行磨铣破坏,达到设计要求长度的井下作业工艺。套管锻铣工艺发展初期主要目的是为了在侧钻过程中进行套管开窗,在套管内某位置开一窗口或铣掉一段套管,实现侧钻完井。随着锻铣工艺技术的成熟,它所应用的领域逐渐扩展到老井封堵上,目的是为了处理损坏的套管或不合格固井水泥环。在作业过程中,先对目标井段的套管及管外水泥进行锻铣,后对锻铣井段重新固井,使水泥直接和地层接触,重新建立井筒封闭屏障。套管锻铣技术是解决套管层间带压的一种有效手段。

套管锻铣器工作原理是当套管锻铣器下放到预定位置时,先启动转盘后开泵。此时钻井液流经活塞上的喷嘴产生压力降。压力推动活塞下行从而活塞杆推动刀片外张,刀片给套管壁一个横向力进而切割套管。当套管切断后,刀片逐渐外张最后达到最大限定位置,此时可加压进行套管锻铣施工。施工完成后,先停泵等压力降消失后,活塞在复位弹簧的作用下复位,刀片靠自重和外力收回到刀槽内,然后停转盘,进行起钻作业。

尽管套管锻铣技术具有较多的优点,但要求待锻铣段套管与锻铣器之间不会产生较大相对运动,即该井段固井质量要得到一定保证,这就与锻铣固井质量不好井段后提高老井封堵效果的目的相冲突。同时,套管锻铣过程中,可能会划出新井眼,增加井下复杂。

3. 套管外水泥环封堵施工技术

(1)井筒准备。首先要进行通井,确保锻铣工具能够顺利下至目标井段,如锻铣工具无法开泵下入,中途遇卡,其处理手段有限。因此,作业前的井筒准备工作至关重要。

(2)确定锻铣井段。通过钻井资料、测井资料等确定锻铣井段。锻铣井段的选取需求,作业层位漏失小,能够建立全井循环,防止锻铣产物无法返出地面,导致卡钻及井下事故,同时锻铣段套管要有一定的支撑,能够保持锻铣段套管随钻相对静止。

(3)锻铣套管及水泥环。下入锻铣工具对目标层位进行套管及管外水泥环锻铣,作业过程中及时根据使用锻铣工具的特点进行转速、排量、钻压等参数优化。

(4)注入超细水泥对锻铣井段进行封堵,并按规定试压。

四、井屏障及井场处置

通过井下封堵工作,使储气库老井能够取得较好的封堵效果,但考虑到井下屏障可能失效的风险,储气库老井还需要采用合理的完井方式,确保老井万一封堵失效时,能够及时发现并具备应急处理条件。

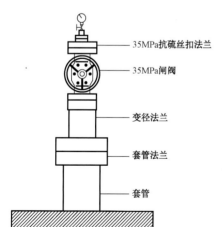

图 6-11　相国寺非储气层老井
封堵后完井 35MPa 井口

(一)完井管柱

(1)对储气层未打开封堵老井、井下封堵要求相对较低老井,可采用空井完井,同时完井前替入环空保护液。

(2)对储气层已打开老井的老井,考虑到注采天然气可能对新建立老井封堵屏障进行破坏,容易发生封堵屏障失效,可采用光油管完井,同时替入环空保护液,便于紧急情况应急处理。

(二)完井井口

(1)对储气层未打开的老井,采用与封堵层压力等级匹配的简易井口完井。井口保留 1 只主控阀,并加装取压(含泄压)装置(图 6-11)。

（2）对储气层已打开、采用光油管完井的封堵老井，采用相对简易与储气库注采压力上限匹配的井口完井。井口保留4个主控阀，并加装油、套、套管层见取压装置（图6-12）。

（三）井场处置

储气库生产管理需要规范化，同时为保证储气库安全及周边环境安全，老井封堵后需要对井场标准化，制定相应的警示语及标示牌，同时满足安全应急处理二次修井条件。

标准化要求主要包括老井同场再利用及不再利用2方面。其中再利用井场面积尺寸要求长×宽（70m×70m），不再利用井场尺寸长×宽（10m×10m）。其他要求包括：

（1）井场场地。井场应平整、铺垫碎石，方便紧急情况抢险作业。井场内应保持清洁、平整、无油污、无散失器材。

（2）井场公路。道路畅通、平整，可以通行救援车辆。

（3）警示牌：在围墙大门一侧设置警示牌和警示标语。

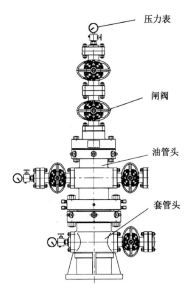

图6-12 相国寺储气库石炭系
老井封堵35MPa井口

第三节　老井封堵施工及参数优化

储气库老井封堵不仅要求优选成熟、有效的封堵工艺，同时对现场施工工艺提出了较高要求。整体目标是，不论采用何种封堵工艺，均要求老井处理后可以彻底有效地隔断储气层、非储气层、井筒内及管外环空，有效防止层间窜气、井筒漏气及环空窜气，确保储气库整体密封有效。

一、施工流程

与常规作业不同，储气库老井井况相对复杂、处理质量要求更高，总体施工过程遵循"资料录取、现场踏勘齐备，由地面到地下，由井口到井筒，先评价后处理"流程，其中封堵作业过程需遵循"储气层到井筒，井筒、管外交叉封堵，再由井筒到井口，"的施工流程。

（1）资料录取、分析及评价形成设计。按老井处理处理资料录取要求，对收集的资料进行分析评价，形成单项设计。

（2）井口整改及修复。对于原老井简易井口、受损井口等需要进行井口修复，修复手段主要包括泄压整改井口及带压更换井口闸阀等工艺，满足后续修井作业安装井控装置要求。

（3）井筒处理。压井后对井内管柱处理彻底，尽量不留落鱼，同时采用通井、刮管等工艺，确保后续施工井筒通道畅通。

（4）测井评价。按要求进行井口坐标复合、井眼轨迹复测、套管腐蚀检测及固井质量二次评价等内容，为井筒处理录取齐全资料。

(5)综合评价。根据已获得资料评价井的价值(是否再利用),优化施工参数(注水泥压力等)、优选锻铣井段、桥塞井段及注塞封闭井段等。

(6)老井处理。包括老井再利用及封堵,其中老井封堵要求从下而上进行处理,包括储气层、管外水泥环、井筒及井口等。

(7)恢复井场。按老井井场处理要求进行场地恢复。

二、主要施工步骤

(1)井口整改。采用带压钻孔后换阀或泄压整改井口的方式,修复老井受损井口,包括阀门、钢圈、取压及泄压装置等,满足井控装置安装条件。

(2)压井。井筒泄压后,根据地层压力资料,采用合理密度及性能的压井液,优选的压井工艺压井至压力平稳。

(3)拆原井口、安装防喷器。拆除老井井口后,根据相关标准选用适宜等级防喷器,并按标准试压合格。

(4)起原井管柱。尽量将原井管柱起完,确保不留落鱼,避免影响封堵效果。

(5)井筒处理。采用探塞、通井、刮管等工艺确保井壁清洁。

(6)套管试压。对打开层套管进行整体试压,检查套管承压能力,确定挤注参数。

(7)井筒质量评价。通过测井对井眼轨迹、井筒套管及固井水泥环进行测井解释,为后续作业录取相关资料。

(8)封堵储气层。采用优选的堵剂及水泥浆体系对产层挤注封堵,包括循环挤注、水泥承留器挤注等工艺对产层进行封堵。

(9)锻铣套管及固井水泥环。对不满足储气库要求的套管及固井水泥环进行锻铣,后采用水泥塞封堵,确保封堵效果。

(10)井筒封堵。采用水泥塞及桥塞等工艺对产层及井筒进行多级屏障保护。

(11)下完井管柱。为保留应急处置功能,封堵目标为储气层的老井需要下入完井光油管进行完井。

(12)替环空保护液。通常为液氮或缓蚀剂等保护油套管。

(13)装井口、试压。

(14)地面收尾。包括标准化井场、警示标准及巡检制度建立等。

三、工艺参数优化

储气库老井封堵施工参数设计主要包括施工压力、储气层封堵半径、井筒水泥塞段长等。

(一)施工压力确定

施工压力主要包括储气层挤注压力和屏障试压压力等。

1. 储气层挤注压力

储气层挤注压力是指通过一定的工程及地质方法确定储气层挤注堵剂时的控制压力。挤注压力的高低会影响封堵剂进入储气层的量及状态。挤注压力过低则堵剂无法进入地层,井下近井地带得不到有效的封堵,储气层流体易进入井筒及固井胶结面。挤注压力过高易破坏套管,导致注塞封堵目标位置改变,严重时还会压裂地层,甚至破坏储气库盖层,导致建库失败。

最高井底控制压力由封堵目标层破裂压力、盖层破裂压力及油层套管剩余抗内压强度确定。通常盖层破裂压力大于目标层破裂压力,现场施工时以封堵目标层破裂压力80%及油层套管剩余抗内压强度来限定最高井底控制压力。地层破裂压力由取心后实验录取,套管剩余抗内压强度由测井评价获得。井口最高施工挤注压力等于最高井底控制压力减去井内液柱压力加上泵注摩阻(式6-1)。

$$p_{挤} = p_{井底} - p_{液柱} + p_{摩阻} \qquad (6-1)$$

式中　$p_{挤}$——井口最高挤注压力,MPa;

　　　$p_{井底}$——井底最高控制压力,MPa;

　　　$p_{液柱}$——井内压井液液柱压力,MPa;

　　　$p_{摩阻}$——挤注时,压井液与套管之间摩擦阻力,MPa。

相国寺储气库现场挤注施工一般用清水,而且以低排量为主,故摩擦阻力可以忽略不计。

2. 屏障试压压力确定

屏障试压压力是指注塞封堵储层、套管锻铣封堵及井筒封堵后均需要进行屏障试压。

(1)储气层试压值确定。原则要求对储气层试压需超过储气库运行最高地层压力,若井筒不满足试压条件,则必须带封隔器进行单独试压,试压合格后才能进行后续封堵施工。相国寺储气库储气层试压值不小于30MPa,即为该库注气最高限压值。

(2)井筒及其他试压值确定。试压值为井口、剩余套管抗内压强度80%范围内具体进行选择。值得注意的是,对于老井再利用井,如果再利用目标层位为储气层,则试压同样要求不低于储气库运行最高压力值。

(二)封堵半径确定

合理的封堵半径对储层的有效封堵至关重要,理论上来说,储气层封堵半径越大,封堵效果越好,但封堵半径受地层物性和工程因素制约,同时还需要考虑封堵剂占用储气空间等综合因素。设计合理的封堵半径需要考虑以下几种因素。

(1)待封堵层孔隙度、渗透率、地层破裂压力等参数。

(2)储气层固井水泥环承压能力,即确保封堵挤注时尽量减少固井水泥环胶结质量破坏。

(3)枯竭型油气藏由于地层压力降低,导致原有取心地层物性发生改变,同时不同程度的近井地带堵塞与伤害也会影响有效封堵半径的形成。

综合考虑以上因素,为保证储气层封堵效果,同时确保堵剂能够顺利进入地层,国内储气库一般设计封堵半径为0.5~4m不等,其中大部分为0.5~0.7m。

根据相国寺储气层的实际情况,石炭系构造整体连通性较好,采出程度高(尤其是库区内的井),因此,要求老井封堵时应对封堵半径予以充分考虑,保证每口老井的封堵质量,确保储气库运行安全。

以储层条件较好的X10井为例(石炭系测试产量83.4×10⁴m³/d),产层厚度11.6m,孔隙度3.92%,计算分析不同封堵半径下挤入地层的水泥浆量及对储集空间的影响(表6-9)。

表6-9 X10井挤入地层水泥浆量与减少注采气量关系表

挤入地层水泥浆量 （m³）	封堵半径 （m）	减少注采气量 （m³）	22口井总减少气量 （10⁴m³）
13	3	3100	6.82
23	4	5485	12.07
36	5	8585	18.89
51	6	12162	26.76

从上表看出，若地层封堵半径取 $3\sim6m$，相应挤入地层水泥浆用量为 $13\sim51m^3$，即水泥浆占据了石炭系 $13\sim51m^3$ 的储集空间，在其储气库运行压力下计算，约减少注采天然气量为 $3100\sim12162m^3$，按22口注采井计算总减少量为 $(6.82\sim26.76)\times10^4m^3$，对储气库影响很小。

因此，为满足石炭系的有效封堵，避免出现井筒内或技术套管与油套环间窜气的情况，在施工挤注压力能够满足需要前提下，确定封堵半径为 $3\sim6m$。

（三）井筒水泥塞段长度确定

国内外对于气井水泥塞有效封堵段长度并没有明确规定，室内水泥石标准岩心试验也表明，水泥石标准长度试样承压能力相较于井筒作业水泥塞段长完全能满足封堵需要。相关标准规定，美国相关标准规定废弃末封堵时，井筒内水泥塞长度为待封堵目标，井段以上 $30.48m$，即认同为有效屏障，满足封闭要求，但对气井适应性未做评价。近年来，国内储气库老井封堵施工中，一般采用储气层顶界以上管内连续水泥塞长度不小于 $300m$ 要求进行作业。

第四节 老井封堵后监测与评估

尽管储气库老井采用的处理措施相对完善，但考虑储气库注采期交变应力变化不可避免地对老井产生影响，完整的储气库管理方案需要制定合理的老井封堵后评估及应对措施，包括封堵后的监测及应对措施，便于及时发现影响库区正常运行的可能风险。

一、监测内容

为确保储气库完整性，老井封堵后需要进行跟踪监测，定期评价封堵效果，监测内容主要包括三个方面，即井口、井筒及地表监测等。

（1）井口监测。建立定期的监测制度，观察井口油管、套管及水泥环空压力情况，分析带压流体性质，判定井口压力来源，及时制定应急措施。

（2）井筒封堵屏障监测。通过测井手段，定期开展井内套管腐蚀及固井水泥环屏障评价，判定屏障是否失效，分析可能风险，制定应对措施。

（3）地表监测。主要包括断层露头流体对比监控，井周 $500m$ 地表油、气、水监控及封堵前后淡水水质变化监控。

二、监测方案

(一)现行方案

针对储气库高密封性能要求,制定相国寺储气库常规老井封堵监测方案(表6-10)。

表6-10 封堵井推荐监测方案

监测内容	监测参数	初始监测时间	监测周期
井口压力	压力变化	1个月	3个月
	同油气藏开采方式的改变	需要时	
井口50m范围内人居环境变化	设备、井场、井口围墙及周围人居环境等	1个月	3个月

(二)建议补充方案

1. 井口监测

(1)监测时间:储气库正常运行周期内。

(2)范围:库区全部封堵老井。

(3)监测内容:除常规监测外,在储气库一个运行周期内,需分三次对井口压力进行监测,即注气期、储气期、开采调峰期,观察封堵老井井口是否有明显压力变化,判断是否封堵失效。

2. 地表监测

(1)监测时间:除正常监控外的储气库运行周期内。

(2)范围:纵向上单井贯穿淡水层的储气库封堵老井。

(3)监测内容:在储气库一个运行周期内,地表淡水水质是否发生明显变化,判断是否封堵失效。

3. 井筒封堵屏障监测

(1)监测时间:套管腐蚀监测2年一次,固井水泥环屏障监测3年一次。

(2)范围:第一类封堵井,石炭系井2口,第二类、第三类各1口。

(3)监测内容:通过测井手段,判断封堵井最上部水泥塞以上套管及固井水泥环是否腐蚀失效(表6-11)。

表6-11 储气库封堵井套管及固井水泥环监测方案

监测井	套管腐蚀监测	固井水泥环监测	选取井数
储气库石炭系老井(第一类)	2年一次	3年一次	2口
其他层位封堵老井(第二、第三类井)	2年一次	3年一次	2口

三、后评估及应对措施

为了确保储气库老井封堵效果,需要做好三个方面的工作。一是作业前对封堵工艺进行客观科学评价,判断封堵方案是否全面考虑到井筒可能的窜气因素,做到井筒内和井筒外(技套和油套环间)的同时有效封堵,确保储气库安全运行。二是作业中对技术要点进行监控把关,力求各环节都达到设计要求,确保过程控制。三是储气库正式运行后,通过几个不同的注采工作制度,结合监测方案检验井筒封堵效果。目前,一般是采取对封堵工艺进行评价,结合后续井筒封堵失效情况进行分析并制定应对措施。

(一)封堵后评估方法

1. 水泥封堵质量复核

对重点井封堵剂进行取样备存,室内评价封堵剂对岩心封堵效果,试验结果对此现场作业施工记录,评价现场注水泥塞能否满足封闭气压要求。

2. 井筒各级封堵屏障评价

采用工程手段评价产层是否具有通过井筒向地面泄漏的可能。主要包括试压指标(30MPa)及井口泄漏流体分析。

(1)试压评价。

复核现场监督资料,要求各级水泥塞、桥塞及完井井口均需按标准试压合格。若不合格,则需分析原因,决定是否进行钻塞后重复封堵或监控使用。

(2)井口泄漏流体分析。

作业后观察井口压力表显示是否带压。若带压,则需取样分析压力来源,如压力来源于储气层,则认定储气层屏障不完善,封堵不合格,需进行重复封堵。

3. 环间屏障评价

根据复测固井质量数据,结合实际封堵井段,评价储气库盖层环间重建屏障井段是否合理,包括锻铣、扩眼及封闭井段是否处于目标盖层。环间封闭后各层套管环间是否带压,带压源是否为储气层,若处理措施未能达到重建环间屏障目的,则需钻塞后重新封堵。

(二)井口带压现象的原因及应对措施

相国寺储气库老井封堵后出现两种非正常井口带压现象:X14 井、X10 井环间窜气、X12 井井筒起压等非正常情况。

对已发现井口带压现象的封堵井,通过分析带压现象、作业过程及气体性质等技术手段,评价可能原因,决定是否进行整改措施或监控使用,确保储气库运行安全。相国寺储气库封堵老井井口带压现象的原因及应对措施见表 6-12。

表 6-12 相国寺储气库已封堵老井井口带压的原因及应对措施

| 井号 | 封堵目的层位 | 井口异常现象 | 过程控制评价 | | | 气质分析 | 应对措施 | 是否影响储气库运行 |
			固井质量复测	封堵主要方案	井筒屏障试压情况			
X14	茅口组(储气层未打开)	封井前后:油层套管与技术套管环间有气泡现象	茅口组盖层固井质量评价合格	产层封闭,桥塞及水泥塞加固	合格	浅层气	常规监控	否

续表

井号	封堵目的层位	井口异常现象	过程控制评价			气质分析	应对措施	是否影响储气库运行
			固井质量复测	封堵主要方案	井筒屏障试压情况			
X10	石炭系及长兴组	封井前后:油层套管与技术套管环间有漏气现象	石炭系盖层固井质量差	产层封闭,锻铣扩眼封闭套管环间	合格	浅层气	储气库运行期间持续监控	否
X12	石炭系及茅口组	封堵后关井45d,井口起压0.39MPa	封闭石炭系盖层固井质量合格	钻塞打开原封闭茅口组水泥塞,锻铣加固封闭储气库盖层	合格	非石炭系气	储气库运行期间持续监控	否

第七章　相国寺储气库动态监测工艺技术

第一节　动态监测方案

一、储气库安全运行监测

储气库监测专用井监测体系包括：盖层监测系统、断层监测系统、上覆浅层监测系统、气液界面及流体运移监测系统、周边及圈闭溢出点监测系统、储气库内部温度压力监测系统。结合自身特点，相国寺储气库建立了圈闭安全性及生产运行动态两大监测专用井监测体系（表7-1）。

表7-1　相国寺储气库监测专用井监测体系

监测体系	监测目标	监测内容	监测方式
圈闭安全性监测体系	盖层监测	第一渗透层（主体）	永置式压力温度监测工具
		第二渗透层	永置式压力温度监测工具
		相国寺构造④号断层的垂向封闭性	永置式压力温度监测工具
	上覆浅层监测	相国寺构造5条断层的垂向封闭性、三套主要盖层的封闭性	绳索作业监测工具
生产运行动态监测体系	储气库内部监测	储气库内部压力和温度	永置式压力温度监测工具
	气水界面监测	北部气水界面、压力和温度	永置式压力温度监测工具

（一）圈闭安全性监测

圈闭安全性监测体系主要包括盖层监测（注采井交变应力及构造应力集中区，监测盖层保存条件）；断层监测（监测长期运行下，断层有效封闭性）；圈闭周边监测（储气库运行与圈闭周边渗透层的关系）；上覆浅层监测（监测目的层上覆浅渗透层）；井工程完整性监测。

（二）生产运行动态监测

生产运行动态监测体系包括：气水界面监测（监测气水边界动态及库容的有效性）；储气库内部压力温度监测（监测储气库动态压力和温度变化）；生产动态监测（生产井及设施设备运行动态监测）等。

二、注采井动态监测

注采井动态监测根据储气库的运行阶段分阶段进行。以常规动态监测为基础，包括井下和井口压力、温度测试，关井压力降落、压力恢复测试等；以专项动态监测为支撑，包括注采期间生产测井等；全面监测和评价储气库整体运行状况、单井运行状况、单井注采能力，确保储气库安全、平稳、高效运行(表7-2)。

表7-2　相国寺储气库注采井监测要求

阶段	监测要求
停采平衡期	井下静压、静温梯度测试,全库关井、压力恢复测试(井口连续测压)
注气期	对未注气井,开展井下静压、静温梯度测试,每月一次;持续井口压力、温度监测;注气井开展连续油管专项注气能力动态监测
停注平衡期	全库关井、压力降落测试(井口连续测压),平衡期井下静压、静温梯度测试
采气期	对未采气井,开展井下静压、静温梯度测试,每月一次;持续井口压力、温度监测;采气井开展连续油管专项采气能力动态监测

三、数据录取要求

相国寺储气库安全运行与注采井动态监测数据录取要求见表7-3。

表7-3　相国寺动态监测数据录取要求

监测方式	数据录取要求
永置式监测工具	每天录取1次井下压力温度数据
绳索作业监测工具	每季度进行一次井下压力温度测试

第二节　永置式压力温度监测工艺技术

永置式井下压力和温度监测是将永久性传感器置于井底,传感器信号通过电缆等传输介质传至地面,经地面数据采集系统计算处理,得到探测位置的压力和温度数据。和传统监测方法比较,永置式监测系统能迅速、准确和实时监测井底压力和温度数据,避免了试井车钢丝绳作业和存储式井下监测工具的缺点,永置式井下监测技术非常适合于相国寺储气库压力和温度的监测,并能实现数据远程无线传输。

一、永置式监测工具系统组成

永置式监测工具主要有毛细管永置式监测工具、电缆永置式监测工具和光纤永置式监测工具。这三种工具的功能、成本和寿命等有较大差别。

(一)毛细管永置式监测工具

1. 工作原理

图7-1为毛细管永置式监测工具示意图,将毛细管和压力工作筒随油管下入井底,毛细管和压力工作筒内充满惰性气体(通常为氩气),井底压力通过毛细管内气体传递至地面压力传感器,经过地面数据采集器计算处理得到井底压力。

为了获得更准确的监测结果,需要定期向毛细管内充入惰性气体,以对毛细管和压力工作筒进行吹扫,吹扫目的是使毛细管和压力工作筒内保持纯净的惰性气体。

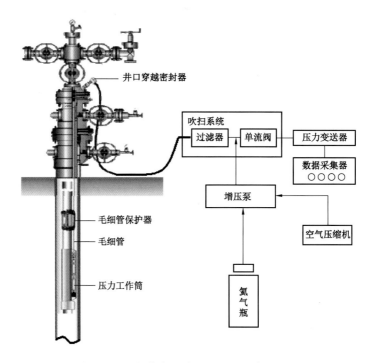

图 7 - 1　毛细管永置式监测工具示意图

2. 工具优缺点

(1) 优点。

① 井下无传感器, 结构简单, 可靠性很高。现场有的毛细管监测工具已正常运行 15 年。

② 在强震、高电磁和高温环境下, 稳定性高、无漂移、精确性高, 具备电子测压设备无法比拟的优势。

(2) 缺点。

① 后期维护工作量大, 需定期吹扫、维护, 吹扫系统需要空压机, 维护成本较高。

② 毛细管可能被井底杂质堵塞。

③ 只能测压不能测温。

(二) 电缆永置式监测工具

1. 工具结构

电缆永置式监测工具结构主要由以下 6 部分组成(图 7 - 2)。

(1) 永置式电子压力计;

(2) 压力计托筒;

(3) 井下钢管电缆;

(4) 电缆保护器;

(5) 电缆井口密封器;

（6）地面数据采集器。

2. 工作原理

传感器电谐振膜片受地面系统激发后将以测点压力和温度相关的频率振荡,振荡的膜片切割磁力线产生电势,通过电缆将信号传至地面系统,经计算处理,得出探测位置的压力和温度数据。

3. 工具优缺点

（1）优点。

① 井下无电子处理模块,可靠性高,技术成熟。

② 安装简单,后期维护简单,维护成本低。

（2）缺点。

① 对电磁干扰有一定敏感性。

② 长期井下工作存在微小漂移。

（三）光纤永置式监测工具

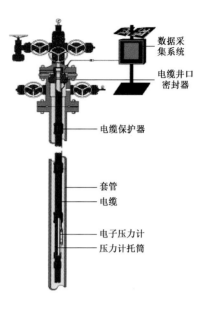

图7-2 电缆永置式监测工具示意图

1. 工作原理

光纤永置式监测工具的工作原理是地面设备向井下光纤传感器发射光脉冲,光脉冲抵达传感器后将随压力和温度产生相应的干涉、散射和折射,从而引起光谱特征变化,变化后的光谱一部分将顺着光纤反射回地面,经地面系统计算处理后得到温度压力数据。光纤永置式监测工具的结构与电缆永置式监测工具的结构类似。

2. 工具优缺点

（1）优点。

① 抗高温,抗电磁干扰强。

② 功能强大,光纤即是信号传输介质又是温度传感器,可将多个压力传感器安装在同一条光纤上,进行多点测压和连续监测整个井筒温度剖面(图7-3)。

（2）缺点。

① 技术比较复杂,应用比较少,技术有待进一步完善,可靠性有待进一步验证和提高。

② 光纤抗冲击性低,氢分子进入光纤容易造成氢腐蚀。

③ 成本高,是电缆永置式监测工具的2~3倍。

二、应用效果

（一）永置式监测方案优选

相国寺储气库储气层地层温度和压力不高,综合考虑可靠性和成本因素,优先推荐电缆永置式监测工具,其次推荐光纤永置式监测工具。三种永置式监测工具的对比如表7-4所示。

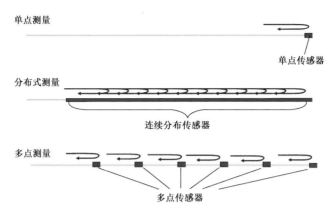

图 7 - 3　单点、多点、连续分布光纤传感器

表 7 - 4　三种永置式监测工具的对比分析表

项目	毛细管永置式监测工具	电缆永置式监测工具	光纤永置式监测工具
使用情况	国内 50 余口井	全世界 2000 口井以上,国内 100 余口井	全世界 800 余口井
成熟度	非常成熟	成熟	中等
可靠性	很高	高	中等
功能	只能单点测压	可多点测温和测压	可测温度剖面、多点测压
后期维护	工作量大	简单	简单
压力等级(MPa)	70	170	105
温度等级(℃)	200	200	260
传输距离(m)	6000	12000	25000
抗电磁干扰	很强	一般	很强

（1）毛细管永置式监测工具技术非常成熟,可靠性很高,但是只能测压,功能上不完全满足储气库动态监测要求。设备和安装成本比较便宜,但后期维护工作量大,维护成本高。

（2）电缆永置式监测工具技术成熟,成本较低,全世界已安装 2000 口井以上,国内 100 余口井。可靠性高,统计数据显示 85% 以上的工具工作寿命能达到 5 年以上。相国寺储气库的温度在 70℃ 以下,最高压力 28MPa,非常适合采用电缆永置式监测工具。

（3）光纤永置式监测工具应用较晚,目前全世界应用数量为 800 余口井,但是绝大部分用于监测稠油热采井。工具的主要优点是抗高温、功能强大,但是技术复杂、成本高,可靠性中等。

（二）永置式监测井布置

相国寺储气库 X15 井、X8 井、XJ4 井、XJ1 井和 XC10 井等 5 口的实施了永置式监测井。

X15 井为盖层监测井,电缆永置式监测工具下入茅口组,监测压力、温度变化情况,以确定储气库储气层(石炭系)天然气是否穿越梁山组和栖霞组盖层而侵入茅口组,从而监测盖层的封闭性。

X8 井为断层监测井,电缆永置式监测工具下入飞仙关组,监测该地层的压力、温度变化情况,以确定储气库储气层(石炭系)天然气是否穿越相国寺构造④号断层而侵入飞仙关组,从而监测该断层的封闭性。

XJ4井为盖层监测井,完钻层位栖一段,主要作用是监测相国寺储气库的直接盖层——梁山组的封闭性,同时兼顾断层下部的垂向封闭性及兼顾老井对圈闭的破坏。电缆永置式监测工具下入栖一段,监测该地层的压力、温度变化情况,以确定储气库储气层(石炭系)天然气是否穿越梁山组盖层或附近的断层而侵入栖一段。

XJ1井为气水界面监测井,电缆永置式监测工具下入距离当前相国寺构造北部储气层气水界面以上约100m位置,监测该位置的压力、温度变化,从而监测储气库气水边界动态及库容的有效性。

XC10井为相国寺储气库内部监测井,光纤永置式监测工具下入储气库储气层,监测储气层的压力和温度,以监测储气库的运行状况。

(三)永置式监测系统安装

1. 永置式监测工具主要参数

根据相国寺储气库监测井的井况,电缆永置式监测工具的电缆采用ϕ0.25in 316 S抗腐蚀材质钢管外壳;压力计采用高精度石英压力计,外壳为Inconel 718抗腐蚀材质,压力等级70MPa,温度等级150℃;压力计托筒采用Inconel 718抗腐蚀材质。

光纤永置式监测工具的光纤采用的ϕ0.25in Inc825合金材质光缆外壳;光纤压力计外壳为Inc825合金材质,压力等级137MPa,温度等级200℃;压力计托筒采用S13Cr80合金材质。

2. 永置式监测工具安装

电缆或光缆随完井油管下入井内,采用电缆或光缆保护器将电缆或光缆固定在油管外壁上并加以保护,压力计托筒连接在油管底部,压力计置于压力计托筒上。考虑到监测的实际情况,完井油管同时下入存储式压力计坐放短节作为备用,当电缆或光纤永置式监测工具失效时可用绳索作业下入存储式压力计坐放于坐放短节上作为备用监测手段。

电缆和光缆井口穿越密封方式相同,采用带穿越装置井口,油管挂上下各留出¼in NPT螺纹,采气树盖板阀兰或油管头底阀兰上留出1处½in NPT螺纹,电缆或光缆直接穿出(图7-4),采用金属对金属密封的Swagelok接头密封。

典型永置式监测工具井——X8井的井下管柱及监测工具结构见图7-5,管柱结构为:油管挂+双公接头+变扣接头+ϕ73mm油管+变螺纹接头+压力计托筒+存储式压力计坐放短节+变螺纹接头+ϕ73mm筛管+油管鞋。压力、温度传感器托筒置于1896.45m,存储式压力计坐放短节置于1896.76m。压力计安装和电缆井口穿越见图7-6。

3. 数据采集及远程无线传输系统

数据采集及远程无线传输系统(图7-7)采用太阳能电池加蓄电池供电,传输系统以USB/RS232接口与采集主机连接,系统集成GPRS/CDMA无线传输模块,提供IP地址方式及域名方式按指定端口实现TCP/IP远程连接,利用移动通信网络将数据传输至工作站,X8井数据采集显示曲线见图7-8。目前监测工具运行正常,实现了对相国寺储气库的长期、实时监测。

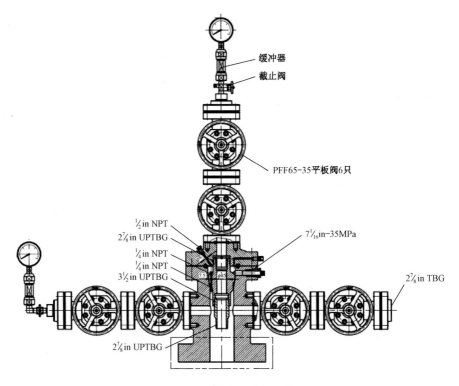

缓冲器

截止阀

PFF65-35平板阀6只

$\frac{1}{2}$ in NPT

$2\frac{7}{8}$ in UPTBG

$\frac{1}{4}$ in NPT

$\frac{1}{4}$ in NPT

$3\frac{1}{2}$ in UPTBG

$7\frac{1}{16}$ in-35MPa

$2\frac{7}{8}$ in TBG

$2\frac{7}{8}$ in UPTBG

图 7-4　电缆井口穿越示意图

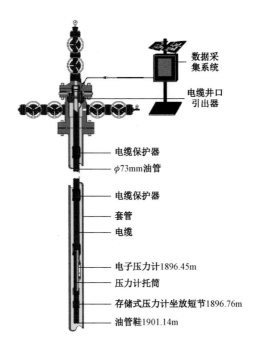

数据采集系统

电缆井口引出器

电缆保护器

$\phi 73mm$油管

电缆保护器

套管

电缆

电子压力计1896.45m

压力计托筒

存储式压力计坐放短节1896.76m

油管鞋1901.14m

图 7-5　X8 井监测系统结构示意图

图 7 - 6   X8 井压力计安装和电缆井口穿越

图 7 - 7   X8 井地面数据采集系统

(四) 监测结果分析

1. 盖层封闭性分析

盖层监测井 X15 井修井后井底实测压力呈上升趋势,但相国寺储气库 2014 年注气结束

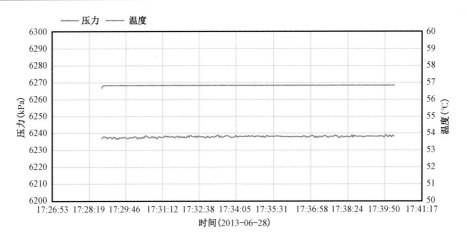

图 7 – 8   X8 井数据采集显示曲线

后,其地层压力在 14MPa 以上,远远超过 X15 井地层压力。而且该井 2013 年修井后气分析存在明显异常,甲烷、硫化氢、二氧化碳及氮气含量较修井前存在明显变化(表 7 – 5),表现为:甲烷含量明显偏低,二氧化碳明显偏高;尤其是氮的含量明显偏高,异于相国寺储气库其他气藏及注入气的气组分(表 7 – 6)。

表 7 – 5   X15 井修井前后气分析统计表

| 井号 | 取样日期 | 组分摩尔含量(%) | | | | | 临界压力(MPa) | 临界温度(K) | H_2S 含量(g/m³) | CO_2 含量(g/m³) |
		甲烷	乙烷	丙烷	丁烷	氮				
X15	2007.8.24	98.42	0.64	0.04		0.66	4.601	191.1	0.473	2.855
	2008.9.8	98.39	0.64	0.03		0.69	4.601	191.1	0.464	2.954
	2009.7.14	98.23	0.65	0.03		0.81	4.599	191	0.473	3.13
	2013.6.28	84.105	0.47	0.02		13.44	4.489	184.3	0.003	33.467
	2013.7.30	85.144	0.48	0.04		12.08	4.516	185.7	0.009	39.154
	2013.8.26	81.54	0.47	0.04	0.006	15.91	4.462	182.9	0.003	35.15
	2013.9.18	83.313	0.47	0.03		13.86	4.487	184.2	0.003	38.423
	2013.11.18	89.786	0.48	0.03	0.007	7.44	4.575	188.8	0.002	40.479
X14	2010.4.21	97.32	0.82	0.06	0	1.35	4.597	191	0.003	6.836
XC8	2014.4.15	94.37	2.55	0.36	0.05	0.81	4.583	191.6	0	16.924

表 7 – 6   储气库注采井、封堵井、监测井气分析统计表

| 井号 | 层位 | 取样日期 | 组分摩尔含量(%) | | | | | H_2S 含量(g/m³) | CO_2 含量(g/m³) |
			甲烷	乙烷	丙烷	丁烷	氮		
X15	茅口组	2013.9.18	83.313	0.47	0.03		13.86	0.003	38.423
X6	长兴组	2012.2.7	98.274	0.54	0.06		0.82	0.16	4.604
X18	石炭系	2010.4.21	97.193	0.82	0.06		1.52	0.005	6.094
XC8	注入气	2014.4.15	94.37	2.55	0.36	0.05	0.81	0	16.924

相国寺茅口组气藏开发过程中证实属同一压力系统,X5 井、X15 井、X12 井则因裂缝系统大,缝洞发育,关井压力恢复较快;而 X1 井、X7 井因裂缝系统小,裂缝不发育,渗透性差,关井压力恢复很慢,极不容易达到稳定。同时 X15 井修井后的地层压力低于茅口组气藏 2010 年因改建储气库停产时的地层压力,分析认为该井压力的上升主要是因为低渗裂缝系统的补给造成(图 7 – 9)。

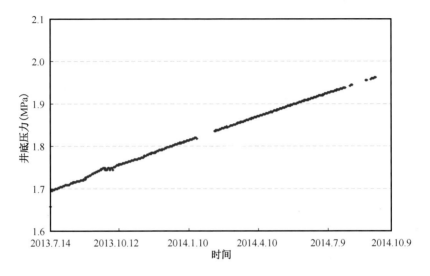

图 7 – 9　X15 井永置式压力计测压曲线

从气分析来看,X15 井气体组分与储气库气体组分明显不同;从压力上看,由于 X15 井压力在缓慢上升,并未达到平稳,因此,盖层的封闭性需进一步监测。

2. 断层封闭性分析

X8 井贯穿了相国寺构造北段④号断层抵达断层下盘,该井在飞仙关组钻遇④号断层,通过对该井修井后,射开飞仙关组井段 1900~1930m 作为储气库④号断层的监测井。从该井修井后井底永置式压力计监测情况看,井底压力基本保持稳定(图 7 – 10),说明相国寺储气库的注采未对该井压力产生任何影响,由此可以证实,④号断层是封闭的。

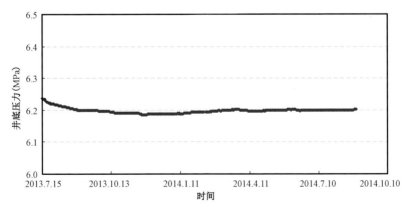

图 7 – 10　X8 井永置式压力计测压曲线

第三节　绳索作业监测工艺技术

一、系统组成

绳索作业主要包括钢丝作业和电缆作业,就是通过缠绕在绞车上的钢丝或电缆利用机械的上下提放达到对井下工具进行操作的目的。由于钢丝作业的设备简单,价格便宜,重量轻,操作简单,适用范围广和易于下井等特点,在动态监测作业应用广泛。电缆作业的设备则比较重,价格贵,操作复杂,因此,电缆作业主要用于需要即时传送井内资料的情况。钢丝作业和电缆作业的特点是带压操作,即通过井口防喷装置的控制达到安全作业的目的。若采用地面直读式电子压力计或温度计等仪器,必须使用电缆;若采用井下记录式机械压力计或储存数据的电子压力计可通过钢丝作业来完成。

钢丝作业和电缆作业的地面设备的种类基本相同。如图7-11钢丝作业井口主要设备所示,主要有绞车、井口连接头、防喷阀、防喷管、井口密封系统、滑轮和指重系统组成。钢丝作业的井口密封系统比较简单,如图中的密封盒,而电缆作业的井口密封系统较复杂,需用注脂密封系统。

吊索
防喷盒
地滑轮

吊车
天滑轮
防喷管
钢丝
防喷器
钢丝至绞车

图7-11　钢丝作业井口主要设备

钢丝绞车一般分为两部分:动力部分和绞车部分。动力部分是由柴油机和液压油泵组成,柴油机带动液压油泵将动力液经高压软管输送到绞车上。绞车主要由液压马达、传动机构和钢丝滚筒或电缆滚筒组成。对于双滚筒绞车则同时装有两个滚筒。绞车的规范如表7-7所示。

表 7 – 7　OTIS 绞车滚筒部分规范

说明	滚筒容量（mm/m）	最大线速度（m/min）	最大拉力（kg）	长×宽×高（m×m×m）	带钢丝质量（kg）
无操作间单滚筒	2.34 6000	389 ~ 976	331 ~ 270	1.9 × 1.6 × 1.5	1632
双人操作间单滚筒	2.34 9000	531 ~ 1066	1451 ~ 2948	2.5 × 2.4 × 2.1	3628
双人操作间双滚筒	2.34 7600	918（满滚筒）	3265 ~ 7600	2.9 × 2.4 × 1.7	4444
	4.77 5180	671（满滚筒）	4082 ~ 5180		

钢丝作业基本工具串包括钢丝绳帽、加重杆、震击器和万向节（图 7 – 12）。钢丝作业投捞工具可接在基本工具串下面，可在带压情况下完成各种不同作业。基本工具串上的工具，顶部都加工有外打捞颈，一旦在井下脱扣，便于打捞。

绳帽起着连接钢丝或钢丝绳与井下测试仪器或井下工具的作用。由于钢丝或钢丝绳在井下会旋转，因此，要求当钢丝或钢丝绳在井下旋转时，绳帽及其下部连接的工具、仪器不旋转或少旋转，避免井下工具、仪器由于旋转而脱扣，造成落井事故。

加重杆主要用于克服密封盒密封圈的摩擦力和井内液柱产生的上顶力使钢丝作业工具能到达井下一定的深度。另外，加重杆靠其自身重量可以施加向上或向下的力而完成井下控制工具的投捞。加重杆的尺寸和重量由要求的冲击力和所投捞的井下控制工具尺寸来确定。有些井需要增加加重杆的密度，选用钨合金钢制造加重杆，有的采用在钢管内灌水银或铅来增加重量。

很多钢丝作业的下井工具串都要用震击器，在井下装置的投捞过程中经常需要切断销钉，或者在打捞井下装置时需要很强的力量，仅仅靠钢丝拉力是远远不够的，只有靠震击器的震击力才能完成。震击器在撞击时是一个做功的过程，撞击能量与加重杆重量及撞击时的速度平方成正比。震击器向下运动的速度靠加重杆的下滑获得，因此，向下震击的能量比较有限。如果在高斜度井或高黏度井作业，震击器下落的速度不会太大，提供的震击能量就更有限。震击器向上运动的速度可靠提高绞车滚筒速度获得。因此，用于向下切断的销钉强度小，而向上切断的销钉强度大。

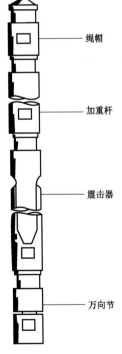

绳帽

加重杆

震击器

万向节

图 7 – 12　基本工具串

二、设备选择

(一)地面设备

1. 确定是否需要防硫化氢设备

如果气井有硫化氢(H_2S)存在,并且其总压力高于0.448MPa(65psi绝对压力)或H_2S的分压高于0.000345MPa,必须选用防硫化氢的井口防喷设备。选择标准按国际化学工程协会(NACE)颁发的NACE MR-01-75执行,或者选用根据该标准制造的适用设备。

2. 钢丝尺寸和材料选择

钢丝的选择取决于其工作环境,包括钢丝强度和井况。现场的钢丝工作拉力应该保持在钢丝的屈服拉力以内,保证钢丝在作业时处于弹性范围内,不会出现塑性变形而破坏。原则上,钢丝的破断拉力不会大于屈服拉力的35%,因此,所选钢丝的破断拉力要大于其工作拉力35%。一般情况下,钢丝的总负荷为工具和钢丝的重量及其在井下和密封盒的摩擦力的总和,但是,快速震击产生的负荷会大大超过静止负荷。钢丝的疲劳和腐蚀也会减少其能承受的负荷。井中腐蚀物质的类型和含量以及钢丝在井内停留的时间对钢丝的工作拉力会产生重大影响。另外,钢丝滑轮的直径大小也对钢丝的疲劳和拉力产生很大的影响。钢丝的尺寸不是越大越好。尺寸大,由于钢丝自身在井下的重量增大会使其地面可用拉力减少,需用较大直径滑轮下放钢丝;如果滑轮过小,钢丝在滑轮处非常易于疲劳而破裂,不利于工具下井,需要增大加重杆重量,在斜井中的摩擦力也会增大,从而减少了可用拉力。

最常使用的钢丝直径一般为:1.67mm、1.83mm、2.08mm、2.34mm、2.74mm(0.066in、0.072in、0.082in、0.092in、0.108in)。API 9A规范中给出了最常用的低碳钢钢丝的技术参数。由于深井、斜井和含腐蚀介质井的需要,很多厂家制造了性能高于API标准的钢丝。

3. 井口防喷系统压力等级选择

井口防喷系统的工作压力要大于可能的油气井井口最高压力。

井口防喷系统每半年要按其工作压力的1.5倍试压,每年要探伤一次。

油井测试,可在其工作压力范围内使用。气井测试,每次测试前要进行试压。

4. 主要地面设备选择

绞车:可根据需要配备合适功率和钢丝缠绕容量的钢丝绞车,计数轮要满足计数精度。

指重表:量程要合适,实际可能的最大拉力要在量程允许的使用范围内。

防喷器:对于气井进行钢丝绳作业时要配备双闸板防喷器,两个闸板间还应有注脂孔。

防喷管:防喷管的长度应根据工具串的长度确定,必须注意,工具串中机械震击器的长度应为其拉开的长度,即闭合长度加冲程。

密封系统:钢丝作业要有密封盒系统。

(二)井下设备

1. 加重杆重量选择

下井加重杆重量的选择要考虑钢丝直径、密封系统的摩擦力、工具串浮力和生产时流体向上的携带力。除平衡钢丝受井口压力作用的力可按下列公式精确计算外,其他因素比较复杂。为了平衡其他因素产生的力,一般钢丝作业可增加15kg,钢丝绳作业增加40kg。

$$W = 0.078 \times D^2 \times p$$

式中　　W——平衡重量,kg;

　　　　D——钢丝直径,mm;

　　　　p——井口压力,MPa。

如果井为斜井,需要将算出的平衡重量乘以测量点处斜度的余弦($\cos\alpha$,α 为井的斜度)才是实际重量。

2. 刮管器选择

当井下工具较小时,刮管器的外径要大于下入的工具外径1.4mm,小于油管管柱最小内径的1.4mm。

三、资料录取要求

(一)注气量资料

气、水产量以单井计量,天然气计量方法应符合天然气流量的标准孔板计算方法。计量仪器仪表应按照检定规程要求进行周期检定,并根据仪器仪表使用的频繁程序,还可以在检定周期内对仪器仪表进行校准,按规程要求填写记录,并妥善保存。每口注采气井均单独计量注气量,注气量要由流量计连续计量监测,误差不应大于±2%,采用自动控制装置监测时,按要求设定,自动采集。

(二)压力资料

根据气井井口压力和气质条件,选择测压仪器仪表。测压仪器仪表也要按检定规程要求进行周期检定,并根据仪器仪表使用的频繁程度,在检定周期内对仪器仪表进行校准,按规程要求填写记录,并妥善保存。压力资料录取遵循以下原则:在试注期间,人工监测时,分离器前节点压力、分离器压力、流量计上游压力、增压机进、出机压力,每小时记录一次,每天计算一次平均压力;采用自动控制装置监测时,按要求设定,自动采集。井筒压力梯度测试时停点间距不得大于300m,停点时间不得少于5min。地面井口压力测量应采用精度等级高于2‰的井口存储式电子计,井下压力测量应采用精度等级高于万分之三的压力计,各种压力计应定期检定。

(三)温度资料

在试注期间,人工监测时计量系统气流温度,同时记取当时的大气温度,每小时记录一次,每24小时计算一次平均温度,采用自动控制装置监测时,按要求设定,自动采集。

每次测井底流压、静压时,要同时下入温度计量取井底相应的压力、温度梯度和记录井口温度、大气温度。

四、应用效果

相国寺储气库投产注气以来,储气库绳索作业动态监测工作一直有效开展。

2011 年 9 月,相国寺石炭系气藏关井改建储气库,气藏平均地层压力为 2.789MPa。2013 年 6 月底,储气库试注。通过监测不同时期、不同注采井的井底压力,随着注入气量的增多,注采井地层压力存在不同程度的回升,表明储气库各注采井相互连通,属同一压力系统(图 7 – 13、图 7 – 14)。

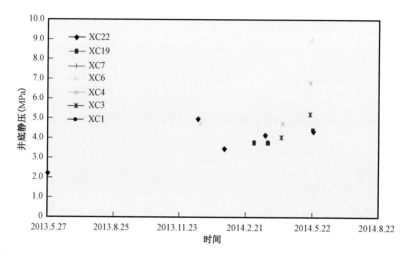

图 7 – 13　各注采井井底静压测压曲线

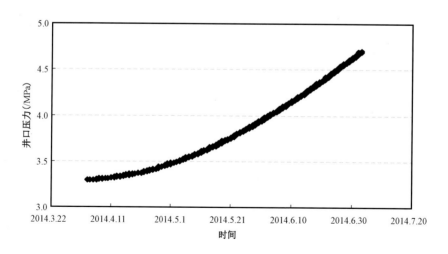

图 7 – 14　XC22 井井口连续测压曲线

第一平衡期结束后,位于中部的 XC1、XC7、XC8 井继续注气。受注气量的增加,位于南端的 XC22 井井口压力呈连续上升趋势,表明储气库属同一压力系统。

XC1井、XC3井、XC7井、XC15井注气能力和采气能力测试情况看,XC1、XC7井注气能力优于优化调整方案中两井的预测指标,注气能力高于方案设计指标17%~18%。XC3井注采能力略低于优化调整方案中的预测指标,注气能力低于设计指标9%,采气能力低于设计指标13%,XC3井由于采气能力测试时产量、压力未稳,在一定程度上会影响评价结果的可靠性。XC15井采气能力低于设计指标14%。总体来说,相国寺储气库注采效果较好,注气效果普遍好于预期,采气效果略低于预期(表7-8)。

表7-8　实际注采能力与优化方案预测值对比表

井号	XC7井		XC1井		XC3井		XC15井
	注气能力 ($10^4m^3/d$)	采气能力 ($10^4m^3/d$)	注气能力 ($10^4m^3/d$)	采气能力 ($10^4m^3/d$)	采气能力 ($10^4m^3/d$)	采气能力 ($10^4m^3/d$)	采气能力 ($10^4m^3/d$)
优化方案	130~220	50~150	337~560	94~413	190~240	152~221	150~220
实测注采能力	175~235	106~195	485~570	225~473	162~218	102~193	86~190
比值	1.17	1.3	1.18	1.14	0.91	0.87	0.86

第四节　其他监测工艺技术

一、井下电视

(一)井下电视原理

可见光井下电视系统由地面仪器和井下仪器两部分组成。地面仪器包括电源/信号接收器、信号解码器、深度计数器三部分。井下仪器由马龙头、加重杆、电子线路短节、扶正器短节、摄像头短节五部分组成。井下摄像镜头在后置灯光的照明下,对套管内管壁和井筒进行摄像,井下仪器的电子元件对图像信号进行放大处理,产生频率脉冲信号,通过电缆将频率脉冲信号传送至地面接收器,地面接收器对频率脉冲信号进行放大解码,形成图像。

可见光井下电视对井液的透明度要求较高,在测井前必须检查井液情况,若无井液,成像效果最好;如果有井液,必须洗井,用清水置换井液,直至井液的透明度达到施工要求。现场井液透明度测试方法是:在井内取样一桶水,桶底放1元硬币一枚,如果镜头距离硬币30cm依然能看清硬币表面花纹,则液体透明度达到要求,可以下井测量;如果未达到要求,需要继续用清水置换。

在进行井壁内腐蚀、破损或变形检查时,如果不刮井壁,井壁上的油污、水垢,会给测井解释造成假象。在进行井下落物位置和形状确定时,如果不洗井或油水不分离,井下能见度低,不但看不到落物位置和形状,甚至摄像头会碰到落物而造成损坏。

(二)工具技术参数

井下电视监测工具技术参数如表7-9所示。

表7-9　井下电视监测工具技术参数

直径(mm)	长度(m)	耐压(MPa)	耐温(℃)
54	1.8	105	125/150
摄像头	焦距	连接类型	视场角
黑白	1in 到无穷大	GO 型	90°
测井深度(m)	地面视频	套管/油管(in)	井液
7500	连续视频/电影影像	3~17	水/气/高含水油
电缆		传输速率	
$\frac{7}{32}$in 单芯电缆		1.5 帧/s,单芯,460p×460p	

(三)应用情况

井下电视可进行井内工具的机械检查,腐蚀检查,监视气井中的出水层及高含水井中的出油层,制定井下落鱼打捞方案,储气库检查,煤层气井、裸眼井成像等。针对相国寺储气库气井特点,形成了四趟起下工具串的作业程序和通用工具串组合(图7-15),成功开展2口井生产管柱内壁情况进行了监测现场应用(图7-15、图7-16)。

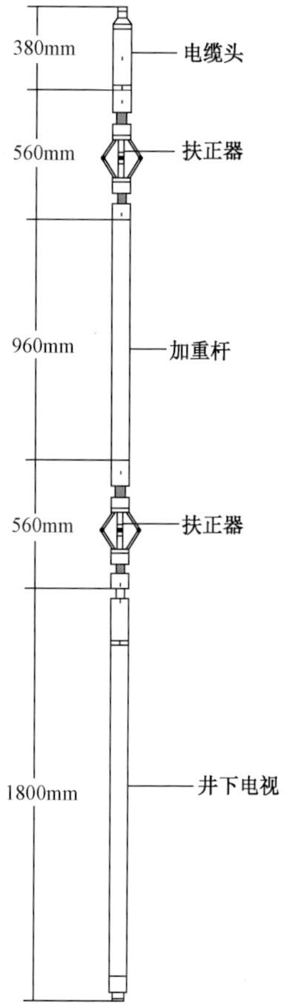

图7-15　井下电视仪器组合示意图

（电缆头 380mm、扶正器 560mm、加重杆 960mm、扶正器 560mm、井下电视 1800mm）

二、腐蚀探伤

储气库在进行大产量调峰采气过程中,可能对井内油管产生冲蚀作用,造成油管损伤。通过下入腐蚀检测仪器对生产管柱进行测量,可以判断油管内壁、外壁及外层套管损伤情况。

(一)多臂井径仪

多臂井径仪采用机械探测臂以及电感式位移传感器,探测套管内部的直径(半径),通过测量到的直径(半径)判断套管的扭曲、错位、孔洞、裂缝、内壁腐蚀等套管损伤。测量臂在一个同心圆上均匀分布,各井径臂带动一个用精密稳压电源控制的传感器,传感器输出电量的高低和井径的大小成正比。在测量范围内,井径数据和传感器输出电压数据之间存在良好的线性关系。仪器还配有井温短节,在下井过程中,可以同时监测井筒内中温度变化,如果温度有明显的变化,结合井径数据,可以判断是否破裂或断裂。仪器串从上至下常见连接顺序:电缆头、加重杆、转换接头、防转短节、扶正器、通讯短节、井下张力仪、自然伽马仪、压力磁定位仪、扶正器、多臂井径仪、扶正器、回路堵头。多臂井径成像测井仪的主要指标如表7-10所示,测试结果如图7-17所示。

(a)滑套内部结构图像

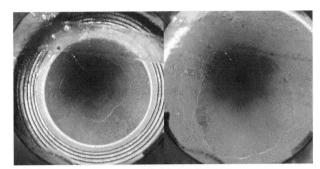
(b)油管螺纹和内部腐蚀图像

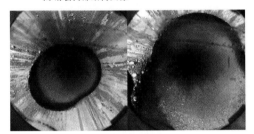
(c)密封延伸筒变形图像

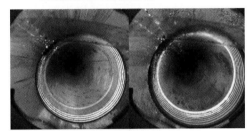
(d)螺纹变形上下端图像

(e)油管内壁水合物

(f)安全阀水合物解堵前后图

图 7-16　井下电视监测成果图

表 7-10　多臂井径成像测井仪指标

井径臂数	24	40		60	
仪器外径(mm)	43	70		102	
测量范围(mm)	45~114	76~190		114~245	
长度(m)	1.14	1.16		1.75	
质量(kg)	9.1	28		45	
耐压(MPa)	105				
耐温(℃)	150				
纵向分辨率(mm)	2.54	2.54		2.54	
径向分辨率(mm)	0.076	0.127		0.178	
井眼覆盖率(%)	2½in 井眼	5½in 井眼	7in 井眼	5½in 井眼	7in 井眼
	19.5	16.4	12.7	30.7	23.9

-50	LSPD(m/min)	50	45	FING01(mm)	120	80	MAXDIA(mm)	130
0	GR(GAPI)	150	42.5	FING02(mm)	117.5	80	MINDIA(mm)	130
8000	CCL	9000	-12.5	FING24(mm)	62.5	80	AVEDIA(mm)	130
0	LTEN(kg)	1000						

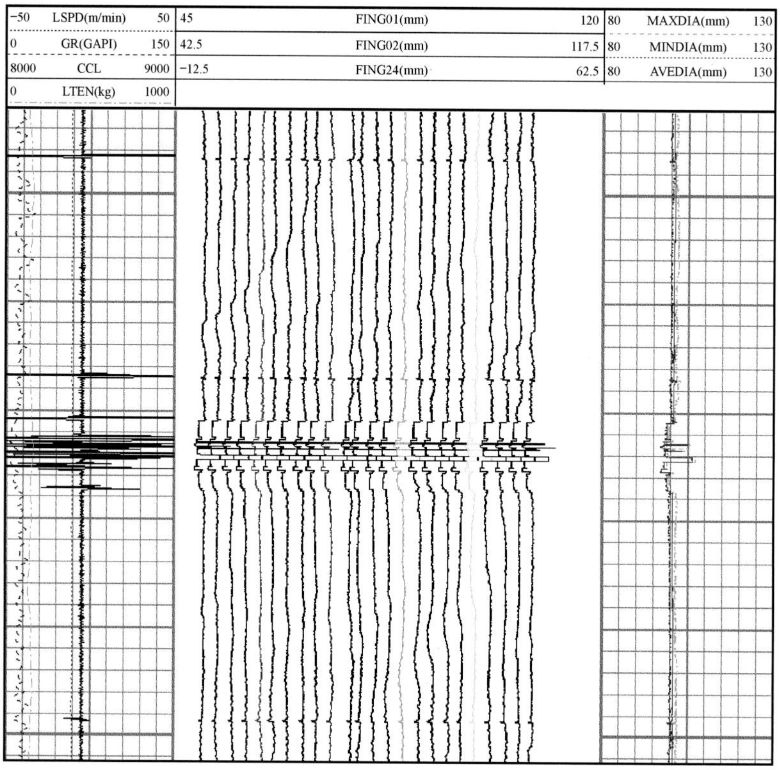

图 7-17　多臂井径仪测试结果图

LSPD—测试速度；GR—自然伽马；CCL—接箍磁定位；LTEN—悬重；FING01—臂 01；FING02—臂 02；
FING24—臂 24；MAXDIA—最大直径；MINDIA—最小直径；AVEDIA—平均直径

(二)电磁探伤仪

电磁探伤仪利用线圈激励油套管产生涡流,通过检测油套管内涡流分布,可准确指示井下管柱结构、工具位置,并能探测套管以外的铁磁性物质(如套管扶正器、表层套管等)。电磁探伤仪技术参数见表 7-11。

表 7-11　电磁探伤仪技术参数

最高工作温度(℃)	175	最大承受压力(MPa)	100
工作电压(V)	18	工作电流(mA)	200~300
最大测井速度(m/h)	300	适用套(油)管(mm)	62~324
单层壁厚探测范围(mm)	3~12	双层壁厚探测范围(mm)	25
单层管壁厚度基本误差(mm)	0.5	双层管壁厚度基本误差(mm)	1.5
2.5in 单层管柱检测 轴向裂缝型缺陷最小长度(mm)	50	5.5in 单层管柱检测 轴向裂缝型缺陷最小长度(mm)	70
5.5in 双层管柱检测 轴向裂缝型缺陷最小长度(mm)	150	管柱检测横向裂缝 缺陷最小长度(圆周)	1/6
孔洞型缺陷最小直径(mm)	30		

(三) 电磁测厚测仪

电磁测厚仪用来检测井下金属管体的厚度,确定并识别套管的变形、错断、弯曲、孔眼及裂缝、腐蚀与沾污等状况。交变电流经过激发线圈产生一个磁场,通过套管与接收线圈耦合,在接收线圈中感应信号相位滞后于激发器电流相位,其位差的大小与套管的平均壁厚成一定的比例(图7-18)。该测井系列适合测量单层套管,对于直径不变的套管来说,管壁越薄,相位移越小;磁测井值减小,平均井径增大,说明套管有腐蚀。电磁测厚仪一般与多臂井径测井组合测井,技术指标见表7-12,测试结果见图7-19。

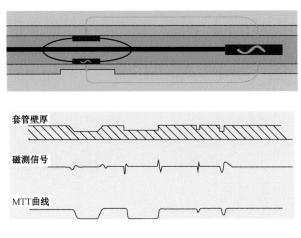

图 7-18　电磁测厚原理图

表 7-12　电磁测厚仪技术指标

耐温(℃)	150
仪器直径(mm)	43
耐压(MPa)	105
长度(m)	2.12
电压	正常:18V,工作:14V,最大:24V
测量范围	2in 内径的油管至 7in 的套管

三、环空压力测试

随着储气库往复周期注采,部分注采井会出现不同程度环空带压,为确保储气库井筒安全,需对环空起压的原因进行诊断分析。

(一) 环空压力测装置

1. 环空带压现场诊断系统

该系统具备实时监测与储存数据功能,其监测对象有测试过程的环空压力与温度数据、放压气体的流量、H_2S/CO_2 浓度及析出水相的 pH 值等内容,环空带压现场诊断系统流程如图7-20所示。

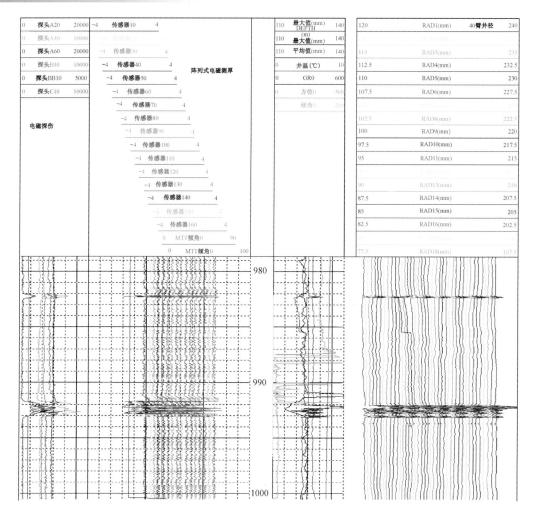

图 7 - 19　电磁测厚仪与井径仪、探伤仪组合测试曲线

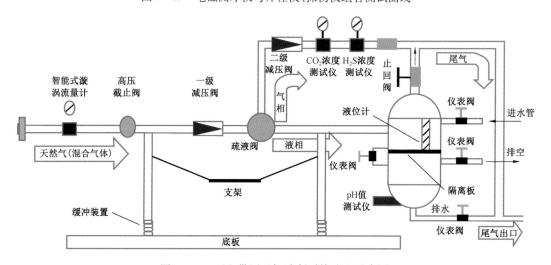

图 7 - 20　环空带压现场诊断系统流程示意图

2. 存储式电子压力计

可实时监测与储存环空压力测试过程中的压力和温度数据,压力精度为0.01psi。

根据储气库注采井实际井场条件,推荐采取存储式电子压力计进行环空压力测试。

(二)环空泄压及压力恢复诊断测试方法

(1)安装½in针型阀,用于控制环空缓慢卸压。如卸压过快会导致压力变化快,加剧井下泄漏。

(2)通过卸压、压力恢复来测得油套、技套和表套环空压力随测试时间的变化情况,根据压力—时间曲线变化趋势,判别各个环空压力来源。

(3)卸压时,不可将环空压力降至0MPa进行诊断,因为这可能"扩大"或者"疏通"新的渗漏或泄漏通道。油管封隔器胶筒或密封圈在经历卸压后一般都会不同程度的密封损坏或丧失密封性。建议先将油套环空压力降低20%~30%后关闭环空,观察24h。

(4)如果在卸压后24h压力没有回升,应考虑为井筒"物理效应"引起的环空带压。如果在一周内压力有回升,且十分缓慢,并稳定在某一允许值,说明在完井管柱有微小渗漏。如果缓慢卸压,压力不降低或降低十分缓慢,说明井口或靠近井口处有微小渗漏(图7-21)。

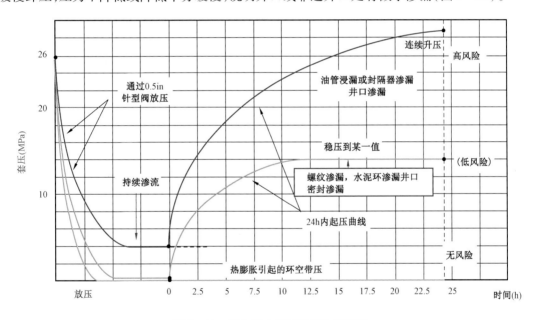

图7-21 环空压力测试及风险识别图

(三)环空泄压及压力恢复诊断测试原则

当油套环空带压值低于该环空最大允许压力值时,不宜进行环空压力测试。多次卸压/压力恢复可能带来以下复杂情况:① 进行环空卸压/压力恢复测试将干扰已形成的平衡状态,可能加剧渗漏或形成新的渗漏通道。适当的环空带压有利于降低油管系统应力与位移和降低渗漏压差。同时,即使发现渗漏也很难有修复手段。② 多次放压将加速腐蚀介质(CO_2、H_2S、O_2)更新,加剧管材腐蚀。

四、回声仪液面监测

(一)工艺原理

回声仪液面监测是目前既常用又经济的环空液面监测工艺技术。回声仪环空液面监测是通过远程控制,使仪器内氮气在瞬间向井内释放,产生声波信号,通过接收装置(如微音器)接收钻杆或油管接箍和井内液面的反射回波,反射回波由经接收装置放大后,转化为数字信号,经数据采集接口输入微处理器或计算机,通过软件进行分析和处理,得到准确的井内液面位置(图7-22)。

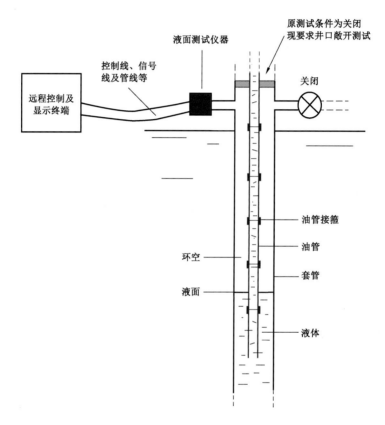

图 7-22　环空液面监测示意图

(二)工具参数

目前主要采用了回声仪主机(图7-23)与10MPa低压气枪和35MPa、105MPa高压气枪(图7-23至图7-25)组合使用。

(三)应用情况

利用回声仪开展了XC6、XC7等4口井环空液面测试(表7-13),为环空液面保护液的加注提供了依据,有助于加注制度的优化。图7-26中虚线表示液面位置,如不在明显的液面信号位置,可以手动调到所需的位置。

图 7 – 23　10MPa 低压气枪实物图

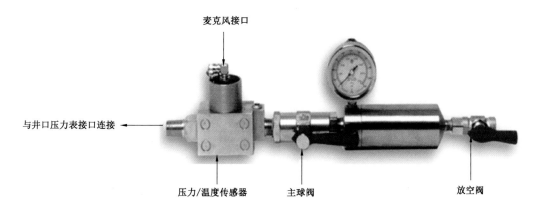

麦克风接口

与井口压力表接口连接 ←

压力/温度传感器　　主球阀　　放空阀

图 7 – 24　35MPa 气枪实物图

表 7 – 13　储气库井环空液面测试情况表

井号	油压 （MPa）	套压 （MPa）	产气 （10^4m³/d）	封隔器位置 （m）	井深 （m）	测试环空液面位置 （m）
XC6	12.43	9.0	80	2170	2312	253
XC7	10.2	0.01	140	2104	2567	182
XC11	13.37	3.6	150	2419	2900	井口附近
XC22	13.38	5.5	80	2414	2587	755

图 7-25　105MPa 气枪实物图

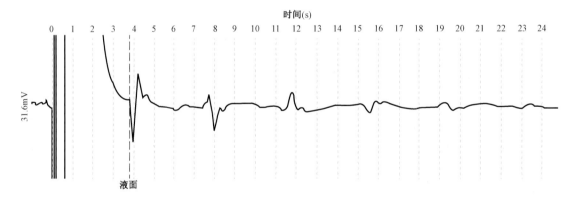

图 7-26　XC22 井回声仪测试结果曲线图

参 考 文 献

[1] 陈显学,齐海鹰,丰先艳 . 2013. 枯竭油气藏型储气库钻完井技术研究与应用[J]. 中外能源,(04).

[2] 冯志明,1997. 南 1 斜 1 井套管锻铣技术 . 石油钻探技术[J],25(2).

[3] 高德利,刘希圣,徐秉业 . 1994. 井眼轨迹控制[M]. 东营:石油大学出版社 .

[4] 郭建华,佘朝毅,等 . 2011. 高温高压酸性气井完井管柱设计[J]. 天然气工业,31(5):70 - 72.

[5] 何轶果,谢南星,白璐,等 . 2013. 四川盆地相国寺地下储气库注采井完井工艺技术研究[J]. 天然气工业,33(增刊2):5 - 7.

[6] 金根泰 . 2015. 油气藏型地下储气库钻采工艺技术[M]. 北京:石油工业出版社 .

[7] 金忠臣,杨川东,张守良,等 . 2004. 采气工程[M]. 北京:石油工业出版社 .

[8] 李朝霞,何爱国 . 2008. 砂岩储气库注采井完井工艺技术[J]. 石油钻探技术,36(1):16 - 19.

[9] 李皋,等 . 2009. 气体钻井的适应性评价技术[J]. 天然气工业,29(3):57 - 61.

[10] 李国韬,刘飞,等 . 2004. 大张坨地下储气库注采工艺管柱配套技术[J]. 天然气工业,24(9):156 - 120.

[11] 毛川勤,郑州宇 . 2010. 川渝地区相国寺地下储气库库址选择[J]. 天然气工业,30(8):72 - 75.

[12] 莫烨强等 . 2014. 影响炼化装置腐蚀探针监测数据变化的几个因素[J]. 腐蚀与防腐,(7).

[13] 濮强,刘文忠,等 . 2015. 相国寺储气库低压地层安全快速钻完井配套技术[J]. 天然气工业,35(3):93 - 97.

[14] 孙海芳 . 2011. 相国寺储气库钻井难点及技术对策[J]. 钻采工艺,34(5):1 - 5.

[15] 孙明光,等 . 2002. 钻井、完井工程基础知识手册[M]. 北京:石油工业出版社 .

[16] 王嘉淮,罗天雨,吕毓刚,等 . 2012. 呼图壁地下储气库气井冲蚀产量模型及其应用[J]. 天然气工业 . 32(2):57 - 59.

[17] 王建军 . 2014. 地下储气库注采管柱密封试验研究[J]. 石油机械,42(11):170 - 173

[18] 吴建发,钟兵,等 . 2012. 相国寺石炭系气藏改建地下储气库运行参数设计[J]. 天然气工业,32(2):91 - 94.

[19] 肖学兰 . 2012. 地下储气库建设技术研究现状及建议[J]. 天然气工业,32(2):79 - 82,120.

[20] 谢丽华 . 2009. 枯竭油气藏型地下储气库事故分析及风险识别 . 天然气工业,29(11).

[21] 阳小平,王起京,等 . 2008. 大张坨气藏改建地下储气库配套技术研究[J]. 天然气技术,2(2):45 - 47.

[22] 杨再葆,张香云,等 . 2008. 天然气地下储气库注采完井工艺[J]. 油气井测试,17(1):62 - 68.

[23] 张平 . 1997. 储气库废弃井封井工艺技术[J]. 天然气工业,25(12).

[24] 周开吉,郝俊芳 . 1996. 钻井工程设计[M]. 北京:石油大学出版社 .

[25] 周长虹,等 . 2014. 气体钻井技术在相国寺构造的应用成效[J]. 钻采工艺,37(4):97 - 98.

[26] 钻井手册编写组 . 2013. 钻井手册[M]. 北京:石油工业出版社 .

[27] Klas Eriksson. 2001. Fibre Optic Sensing – Case of "Solutions Looking for Problems". SPE71892.

[28] Lowder T L. 2005. High – Temperature Sensing Using Surface Relif Fiber Bragg Gratings[J]. IEEE Photonics Technology Letters,17(9):1926 - 1928.

[29] S J C H M van Gisbergen. 2001. Reliability Analysis of Permanent Downhole Monitoring Systems. SPE57057.